旋转机械技术经典译著丛书

气体径向轴承－转子系统动力学

ROTORDYNAMICS OF
GAS-LUBRICATED JOURNAL BEARING SYSTEMS

［波］克莱兹托夫·斯佐尔斯金斯基（Krzysztof Czolczynski） 著

魏 巍 赖天伟 译

北京理工大学出版社
BEIJING INSTITUTE OF TECHNOLOGY PRESS

版权专有 侵权必究

图书在版编目（CIP）数据

气体径向轴承－转子系统动力学/（波）克莱兹托夫·斯佐尔斯金斯基著；魏巍，赖天伟译．—北京：北京理工大学出版社，2020.7

书名原文：Rotordynamics of Gas－Lubricated Journal Bearing Systems

ISBN 978－7－5682－8650－3

Ⅰ.①气… Ⅱ.①克… ②魏… ③赖… Ⅲ.①气体径向轴承－系统动态学－数学模型 Ⅳ.①TH133.3

中国版本图书馆 CIP 数据核字（2020）第 115599 号

北京市版权局著作权合同登记号 图字：01－2019－6837 号

First published in English under the title *Rotordynamics of Gas-Lubricated Journal Bearing Systems* by Krzysztof Czolczynski, edition:1

Copyright © Springer-Verlag New York, Inc., 1999 *

This edition has been translated and published under licence from Springer Science +Business Media, LLC, part of Springer Nature.

Springer Science +Business Media, LLC, part of Springer Nature takes no responsibility and shall not be made liable for the accuracy of the translation.

出版发行 / 北京理工大学出版社有限责任公司
社　　址 / 北京市海淀区中关村南大街 5 号
邮　　编 / 100081
电　　话 / （010）68914775（总编室）
　　　　　　（010）82562903（教材售后服务热线）
　　　　　　（010）68948351（其他图书服务热线）
网　　址 / http://www.bitpress.com.cn
经　　销 / 全国各地新华书店
印　　刷 / 三河市华骏印务包装有限公司
开　　本 / 710 毫米 ×1000 毫米　1/16
印　　张 / 9.5　　　　　　　　　　　　　　责任编辑 / 孙　澍
字　　数 / 116 千字　　　　　　　　　　　　文案编辑 / 朱　言
版　　次 / 2020 年 7 月第 1 版　2020 年 7 月第 1 次印刷　责任校对 / 周瑞红
定　　价 / 76.00 元　　　　　　　　　　　　责任印制 / 李志强

图书出现印装质量问题，请拨打售后服务热线，本社负责调换

丛书前言

　　机械工程，这个随着工业革命应运而生的工程学科，在工业革新时期再一次占据重要地位，这是因为当我们面临生产力和竞争力的深层次问题时，迫切需要各种工程方面的解决方案。本套机械工程系列丛书主要包括研究生教材和专著，旨在满足当代机械工程领域的信息需求。

　　本系列丛书较为全面、广泛地涵盖了机械工程领域的研究生教育和研究重点。我们很幸运能邀请到多位杰出的顾问编辑参与，他们都是特定领域的专家。顾问编辑的名单见下页。他们的专业领域包括力学、生物力学、计算力学、动力系统与控制、能量学、材料力学、加工工艺、热科学和摩擦学。

　　摩擦学的顾问编辑维纳（Winer）教授和我非常荣幸推荐这本由斯佐尔斯金斯基（Czolczynski）教授所编写的介绍气体润滑轴承系统的著作，我们相信这将为本系列丛书增色良多。

弗里德里克·F. 凌（Frederick F. Ling）
于美国得克萨斯州奥斯丁市

前言

　　许多研发工程师都对气体轴承十分感兴趣，比如日本目前正在进行大量的相关研究工作。在磁轴承占据主流地位一段时期后，气体轴承再度兴起，相较磁轴承而言气体轴承造价更低廉（尤其是动压气体轴承）、系统更简单，通常用于低温设备、热泵、汽车发动机燃油喷射系统、磨床（东芝）、燃气轮机和压缩机转子的支承。

　　许多采用气体轴承的现代机械系统都是凭借经验设计而成，缺乏数值计算的支持。本书提供的内容能够用于设计一种新气体轴承并建立相应的数学模型，进行数值模拟以验证其行为，其中包括：

- 稳定性阈值；
- 承载能力；
- 转子的最佳质量分布。

　　气体轴承系统的本质问题是转子的稳定性问题。本书不仅介绍了气体轴承理论和应用的现状，还包含解决设计问题的内容，书中介绍的方法都是以前未发表过的新方法。

　　本书涉及以下主要内容：

- 如何建立气体径向轴承（包括动压和静压轴承）的数学模型，计算轴承的承载能力，并研究气体轴承－转子系统的稳定性；
- 如何估算气体轴承的线性、非线性刚度和阻尼系数；
- 如何建立轴承－转子系统的数学模型；

- 如何估算转子的稳定性阈值；
- 如何消除转子运行时的自激振动。

基于这些信息，我们可以将计算机作为一种低成本且快速的试验装置，对新设计进行验证。

本书所介绍的方法，对于机械工程领域的学生和研究人员具有一定的参考价值。

Krzysztof Czolczynski 克莱兹托夫·斯佐尔斯金斯基
Division of Dynamics 动力系
Technical University of Lodz（波兰罗兹理工大学）
Stefanowskiego Str. 1115 斯特法诺斯吉格大街 1115 号
90 – 924 Lodz, Poland 90 – 924 罗兹，波兰

目录

绪　　论

自 20 世纪 60 年代起，气体轴承已广泛应用于陀螺仪、计算机硬盘磁头支架和特种机床等各种机器中的转子支承，在精密仪器高速转子支承时，气体轴承的表现尤为突出。由于气膜摩擦损失小，轴承散热能力优于气膜发热量，因此在气体轴承运行期间一般不会出现发热效应，气体润滑薄膜近乎恒温。这归因于轴颈和轴瓦的表面是由极低黏度（与油相比）的气体层（主要是空气）隔开的，并且系统转速远超过油轴承和滚动轴承允许的最大转速，因此在高速转子系统中气体轴承具有明显的优势。

在气体轴承大规模应用中，遇到的主要瓶颈是自激振动问题，它会降低气体轴承的稳定性，并限制其应用范围；相比之下，液体润滑轴承中这种现象则没这么明显。

气体轴承有 6 种稳定状态：当轴旋转比较慢时，其静态平衡位置是稳定的 [图 1（a）]。当静态平衡位置失稳时，则会出现一个稳定的极限环（超临界 Hopf 分岔），如果极限环位于轴瓦内，这种不稳定现象并不危险，可以接受 [图 1（b）]；但是当极限环超出轴瓦外，轴撞到轴瓦而尚未达到极限环时，轴承很快会损坏 [图 1（c）]。

轴的稳定平衡位置也可能伴随着不稳定的极限环（亚临界 Hopf 分岔）。当不稳定的极限环超出轴瓦时，其状态［图1（d）］实际上等同于图1（a）的状态；轴瓦内不稳定的极限环［图1（e）］可能造成自激振动的突增和轴承的损坏，这种状态是最危险的，因为通过轴承线性化模型的稳定性分析并不能推断出是否存在不稳定极限环。最后一种情况，当轴的轨迹是不可预测的混沌运动时［图1（f）］，也是不可接受的。一般而言，这里提到6种状态中有2个状态［图1（a）和1（b）］是可以接受的，这种状态下的轴承可称为"稳定轴承"。

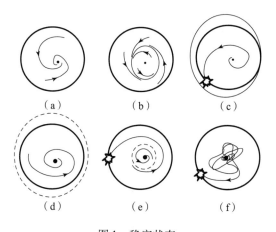

图1　稳定状态

由于气膜的低阻尼特性，气体润滑轴承的这些不稳定现象比液体润滑轴承更为突出。气体轴承主要有两种失稳状态[28]：第一种失稳状态与典型弹簧－质量系统的固有频率有关，此时将轴承气膜视为弹簧，与一般弹簧－质量系统共振相同，在固有频率对应的临界转速的任一侧均可能稳定；第二种失稳状态是由频率小于或等于转速一半的自激振动引发的，在稳定性参数阈值内，随着转速增加轴可以维持稳定状态，而超过阈值后转速进一步增加将恶化气膜的阻尼性能，从而导致系统失稳。这种在给定运行条件下的不稳定是设计高速气体润滑轴承时需要重点考虑的，因为自激振动的振幅将很快超过轴承间隙和轴 – 轴瓦偏心距所允许的最大振幅，并导致轴颈和轴瓦之间发生接触，甚至转子和轴承的损坏[14]。

目前，提高气体轴承的稳定性阈值是大家共同竭力的目标，其中大多都涉及新型轴承的设计，如部分圆弧轴承和多孔轴承。还有一种在许多文献中提及的有效提高气体轴承稳定性的方法，就是为轴瓦提供弹性支承来提高转子的临界转速。

Lund 最初发表了相关研究[45]，他发现轴瓦的柔性支承可以提高失稳转速阈值。但由于计算中忽略了轴瓦的质量，并且使用微扰法来计算刚度和阻尼系数，该方法仅适用于动压轴承，且计算结果的精确性存疑。O 形橡胶密封圈也可作为轴瓦的弹性支承。Rivlin 总结了 O 形圈静态和动态特性相关的研究[58]。Lindley 通过分析得出了 O 形圈的无量纲力与变形间关系[41]，并采用经验修正法提高了准确度[40]。

Powell 和 Tempest[55] 讨论了橡胶特性对 O 形橡胶密封圈抑制空气轴承转子自激涡动的影响，他们认为使用 O 形圈是一种简单有效的抑制涡动的方法，同时他们制定了一套通用规范，然而并没有给出计算或实验结果。Kazimierski 和 Jarzecki[35] 针对 O 形圈支承的静压气体轴承系统，给出其稳定性阈值的理论计算结果和试验结果，其中 O 形圈由试验测得的 4 个刚度系数和 4 个阻尼系数来表征，而稳定性阈值则是由线性"阶跃"法[26]获得。试验和理论结果均表明，O 形圈能够有效提高系统的稳定性阈值。

近期，George、Strozzi 和 Rich[29]基于平面应变假设建立了无轴向载荷约束的 O 形圈模型。Dragoni 和 Strozzi[23]对于有矩形槽约束的 O 形圈进行了平面应变有限元分析。Smalley、Darlo 和 Mechta[61]测量了圆柱涡动下 O 形圈的刚度和阻尼系数。

目前最先进的方法是由 Green 和 English[30]提出的，通过考虑复杂几何形状来计算弹性密封件的刚度特性，该方法在 O 形圈大弹性形变时依然有效。

由于数值计算方法的发展可以更好地帮助人们研究 O 形圈静态和动态特性，因此 O 形圈在提高空气轴承的稳定性方面仍将发挥重要作用。

另外，Kerr 和 Marsh 研究了柔性安装轴承运行期间出现的现象。Kerr[38]发现，如果轴承安装在 O 形橡胶圈中，可能会出现涡动出现后立即消失的现象，呈现出前文提及的第二种稳定状态，他还在文中给出了这种情况的试验案例。Marsh[49]研究了弹性安装动压气体轴承支承的对称转子系统，对比了计算和试验结果，证明了轴瓦的弹性支承能够提升系统的临界转速，并且在一定范围内合理选择弹性支承参数可解决系统的不稳定问题。

上述两种方法的主要不足之处在于通过近似方法来估算轴承气膜的动态特性，结果的准确性并不理想。此外，由于稳定性阈值分析受限于线性化数学模型，无法研究不稳定区域内系统的行为。

作者进行的初步数值计算表明，在轴瓦和壳体间引入线性弹簧和黏性阻尼的各向同性系统，只能略微提高临界转速（应该肯定 Kerr 和 Marsh 的成就），却限制了自激振动的转速范围。结果表明，只要弹性轴瓦支承具有合适的刚度和阻尼系数，即可消除不稳定区域和自激振动现象。更进一步的研究可以确定刚度和阻尼系数的选取范围，以消除动压轴承[20]和静压轴承[19]支承的对称转子系统和非对称转子系统[21]的失稳现象。但这只解决了一半问题，还有一个很现实问题是：能否设计出一款刚度和阻尼系数适中，同时又具备足够高承载能力的结构来支承轴瓦？

文献[18]提到可将弹性支承设计成环绕轴瓦的空气浮环。由于轴瓦并不旋转，所以这个空气浮环必须由外部供气支承。本书第 7 章中给出了消除动压轴承或静压轴承支承转子系统中的自激振动的试验结果。

稳态运行工况下的摄动法计算，是预测轴承轴心稳态平衡位置的稳定性和计算其动态系数最常用的手段之一。通过对稳态系统施加微小的位移或速度扰动，来计算受扰动状态下的载荷。在数值方法基础上，通过小扰动分割载荷的变化，即可得出刚度和阻尼系数。Sternlicht[63]，Rentzepis 和 Sternlicht[57]，Ausmann[1]，以及 Lund[45] 采用的就是这种方法。

摄动法看起来似乎比较简单，但在计算过程中存在难以估算的数值误差。Lund[44] 在雷诺方程中引入小扰动压力，Wang-Long、Cheng 和 Chi-Chuan 随即采用了这种改进方法[65]。Klit 和 Lund[39] 将变分原理应用于摄动方程来获取刚度和阻尼系数的有限元方程。Lund 和 Pedersen 将这种摄动法成功地应用于可倾瓦滑动轴承[46]，Guha、Rao 和 Majumdar[31] 则将摄动法应用于多孔质轴承。近期，Mitsuya 和 Ota[50] 结合摄动法和有限元法计算出可压缩润滑油膜的刚度和阻尼系数。Peng 和 Carpino[53] 采用摄动法获得了气体轴承的刚度和阻尼系数。Dimofte[22] 则用此法来确定流体薄膜压缩性对流体薄膜轴承性能的影响。他通过简谐运动来摄动静态位置，以此保证轴与轴瓦平行，与本书中的理念很接近。Myllerup 和 Hamrock[52] 讨论了关于动压轴承摄动法的 3 种实现方法。

Castelli 和 Elrod[7] 提出了另一种解决稳定性问题的"轨迹法"。它通过对封闭的非线性方程组求解，由数值积分获得任意形状、运行状态和边界条件的轴心轨迹。这种方法通过计算机严格按假定的控制方程来精确模拟轴心轨迹。如果轨迹随着半径增加而螺旋向外，轴承处于不稳定工况；反之，如果轨迹返回到先前的平衡位置，则轴承是稳定的。轨迹法既能确定稳定性参数阈值，又能预测轴承进入不稳定区域的行为。但由于它采用试错法，要确定完整的稳定性图谱耗时较长且成本较高。

为减少非线性轨迹分析中重复的液膜计算，Elrod、McCabe 和 Chu[26] 提出了"阶跃法"。该方法能够计算出系统的各自由度上气膜对轴位移的阶跃响应，而后通过杜哈梅尔（Duhamel）定理，识别气膜的线性阻尼和刚度系数。Shapiro 和 Colsher[60]、Etison 和 Green 成功地应用了这种方法，Chu、McCabe 和 Elrod 在 1968 年对此方法进行了改进。1991 年，Sela 和 Blech[59]用此法分析了陀螺仪用混合式气体球轴承的动态性能和稳定性。

作者在尝试阶跃法时，发现在应用杜哈梅尔（Duhamel）定理时拉盖尔（Laguerre）多项式收敛性会出现一些问题，尤其是当轴承远离稳定性参数阈值时（即特征值的实部较大时），因此阶跃法只能用于稳定性参数阈值附近的情况。使用拉盖尔多项式不符合热力学第二定律，因此尽管有许多文献推荐，广大研究人员在使用中仍要非常谨慎。

受上述阶跃法的启发，作者提出了另一种确定气膜刚度系数和阻尼系数的非线性方法：使用轨迹法和计算机进行精确模拟。因为气体轴承的动态特性可用一组刚度系数和阻尼系数来表示，而这组系数可表示为轴承静载荷、转速和涡动频率的函数，因此系数的识别可形成轴的非线性运动方程组。由线性方程组可估算出稳定性阈值，而非线性方程组可根据 Hopf 分岔理论预测不稳定区域内轴承的性能。

自 1991 年以来，作者一直尝试解决系数估算的问题。在使用轨迹法确定轴位置时，非线性雷诺方程的数值积分可确定轴和轴瓦间隙中气体的压力分布，再由压力的积分获得轴承承载力的分量，将这些分量代入运动方程可以计算轴的加速度、速度和位移。对雷诺方程和轴运动方程进行迭代积分可逐步获得轴心轨迹，而通过不同时刻轴的位移和速度，以及载荷力的动态分量即可确定刚度系数和阻尼系数。通过这种方法我们获得了线性和非线性系数，与微摄动法不同，它同时适用于动压轴承和静压轴承。

介绍的计算方法基于以下数据：

- 自由振动；
- 受迫振动；
- 轴的阶跃位移；

- 轴的简谐运动。

主要目的是确定哪些数据既可估算线性系数又可估算非线性系数，并评估计算结果的准确性。这些数据的计算结果见第 2 章。通过比较轨迹法、Galerkin 方法[11]和系数估算法的结果获得的轴承稳定性阈值，来确定计算结果的准确性。为了与文献[11]的结果进行比较，采用动压轴承作为试验对象。通过第 2 章中描述的方法，我们可以获得动压气体轴承和静压气体轴承的线性及非线性刚度系数和阻尼系数。数值结果表明，所假设的气膜非线性项，能够反映基于雷诺方程假设的气膜的属性，其中杜芬（Duffing）方程的（x^3，x^2y，xy^2，y^3）项和范德波尔（Van Der Pol）方程的（$\dot{x}x^2$，$\dot{x}xy$，$\dot{x}y^2$，$\dot{y}x^2$，$\dot{y}xy$，$\dot{y}y^2$）非线性项起主要作用。由此计算得到的刚度系数和阻尼系数可用于描述气体轴承支承的转子稳态稳定性，以及共振和不平衡振动幅度。

研究结果表明，气体轴承支承转子在自激共振时并不存在最高转速瓶颈。通过在弹性支承系统上安装轴瓦，可以缩小自激振动的范围，甚至完全消除。

在设计带有柔性支承轴瓦的转子时，无论对于圆柱还是圆锥涡动的情况，都应该选取某些特定参数值以确保"恒稳环"。

在这些参数中起核心作用的转子惯性矩，应尽量减少其质量 m_{rcon}，使其接近于圆柱涡动对应的等效质量。

与轴承承载能力相比，静态载荷和轴承质量也会起到关键作用：高负载的重型转子轴承系统，比低负载的轴承系统具有更大的恒稳环。

研究结果表明，使用静压气体轴承是有优势的。强加的外部压力拓宽了弹性支承的刚度系数和阻尼系数的范围，甚至可以避免自激振动。同时，静压气体轴承的气体源（空气）可用于供给气膜，这是另一种弹性支承的方式。

第一部分　原　理

第 *1* 章

气体径向轴承的数学模型

本章介绍带有圆柱形轴瓦的静压气体径向轴承，如图 1.1 所示。这个轴承可用轴瓦相关的笛卡儿坐标系（$x-y-z$）描述；F_z 表示轴颈的外部载荷，F 是承载能力。

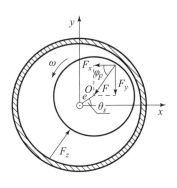

图 1.1　气体轴承

油轴承建模时，由于润滑介质的不可压缩性和沿轴承均匀分布的压力，可对雷诺方程进行解析积分，从而得到描述承载能力分量的解析项。这种方法已得到广泛应用，如 Starczewski[62] 描述了轴颈静态平衡位置的不稳定区域，并研究了轴颈-轴瓦系统的自激振动和共振特性。

Kazimierski 和 Jarzecki[35]用气体轴承模型描述了可压缩润滑介质和有限长度轴承的特性。这个模型最初是由 Elrod 和 Glanfield[25]提出的，方程描述了气膜进气口附近的压力分布与通过该处的质量流量之间的关系，这些方程都利用了先前实证研究的结果。由 Kazimierski 和 Trojnarski[37]提出的建模方式和文献[36]都表明数值模拟结果与实验室测试结果非常吻合。由于该模型是对气体轴承静态特性的数值计算，因此不适用于轴颈相对轴瓦运动的动态现象。然而，作者已经解决了这个问题，下文将对此模型进行改进，以模拟动态现象。

气体轴承建模的最基本问题，是确定轴承间隙中的气体压力分布，以及积分所得的间隙中气体对轴颈的作用力。无论以直接给定论的方式改变轴颈位置，还是由于力作用在轴颈上导致轴颈改变位置，静态和动态情况下都应该能够解决这个基本问题。其中前者对应情况发生在寻找轴颈的静态平衡位置时，而后者发生在模拟转子运动以观察其对静态平衡位置异常的响应时或分析其稳定性时。

在普遍使用的气体轴承理论中，大多假设气膜中的气体流动是等温的。这一假设是建立在以下基础上的：气体的绝对黏度值较小（与油的黏度相比），气膜中的能量消耗可忽略不计。试验和理论[9,32]都证明了这种假设的正确性。当假设气膜中的气体流动等温时，轴承间隙中的气流可以用以下三个方程来描述：

- Navier-Stokes 方程；
- 连续性方程；
- 等温方程。

为了解求解这组方程，文献[36]给出了详细的简化过程：

- Navier-Stokes 方程忽略惯性力；
- 假定流动为层流。

当泰勒数 $Ta < 40$ 时，这些假设是合理，且

$$Ta = \frac{4\omega^2 R^4}{\nu^2}$$

ω：特征角速度；

R：垂直旋转轴的特征尺度；

ν：运动黏度。

$$Ta = Re \left(\frac{c}{R} \right)^{\frac{1}{2}}, \qquad Re = \frac{c\omega R \rho_a}{\sigma} \tag{1.1}$$

基于上述简化，可将 Navier-Stokes 方程和连续性方程改写成描述轴承间隙中压力分布的雷诺方程：

$$-\frac{\partial}{R\partial\theta}\left(\frac{\rho h^3}{\sigma}\frac{\partial p}{R\partial\theta}\right) - \frac{\partial}{\partial z}\left(\frac{\rho h^3}{\sigma}\frac{\partial p}{\partial z}\right) + 12\frac{\partial}{\partial t}(\rho h) + 6\omega\frac{\partial}{\partial\theta}(\rho h) = 0 \tag{1.2}$$

当气膜有质量源（进气口）时，式（1.2）的右边不等于零，即

$$-\frac{\partial}{R\partial\theta}\left(\frac{\rho h^3}{\sigma}\frac{\partial p}{R\partial\theta}\right) - \frac{\partial}{\partial z}\left(\frac{\rho h^3}{\sigma}\frac{\partial p}{\partial z}\right) + 12\frac{\partial}{\partial t}(\rho h) + 6\omega\frac{\partial}{\partial\theta}(\rho h) = \frac{d\dot{m}_k}{Rd\theta dz} \tag{1.3}$$

仅当填充间隙的介质不可压缩且压力分布可被视为一维情况时[36]，式（1.3）才可解析积分。在采用雷诺方程模拟有限长度气体轴承时，有必要采用近似方法，这些方法可分为两类：

- 解析法和数值法结合；
- 数值法。

第一类方法是通过解析法近似求解雷诺方程，以降低微分方程的复杂度。它将非线性微分方程简化为线性微分方程组或具有未知系数的非线性代数方程组。此类方法包括：

- 线性化 PH 法[1,2]；
- 摄动法[57,63]；
- 阶跃法[7,12,26]；
- Gelerkin 法[11,48]。

由于必须在无限级数中保留有限项，这些方法都很难估算出系

统误差。

在第二类的数值法中，近似方法可以直接应用于非线性雷诺方程的求解，以简化为代数方程。这些方法的基本原则是：当气膜的几何形状已知，每隔较小的时间步长 Δt 时间就更新计算一次压力分布。文献中描述了 3 种基本的数值积分方法：显式[7]、隐式[8]和半隐式[10]。后两种方法又分为"平行方向隐式格式"和"交替方向隐式格式"[33,34]。这些方法在计算耗时和数值稳定性两方面差异很大。采用显式法时，迭代过程收敛非常快，但是由于数值不稳定，需采用较小的时间步长 Δt。隐式法绝对稳定，但是收敛性不如显式法。半隐式法的交替方向隐式法格式（ADI）结合了前两者的优点：收敛快和数值稳定。例如，文献[36,51,66]中采用这种方法对雷诺方程进行数值积分得出了计算结果，文献[37]中提到了一些关于该方法的稳定性的局限性。

在静压轴承中，将雷诺方程与一组附加方程同时进行积分，补充了通过进气口的入口气流与通过气膜的气流之间的平衡。

在模拟系统动态行为时，雷诺方程的积分与时间有关，可得到压力分布随时间的变化规律。针对这个问题，作者补充了文献[36]的数值解法，同时整合了一组与动力系统所有自由度相关的运动方程[7,8]。

1.1 雷 诺 方 程

假设气膜中的气体流动是等温的，雷诺方程（1.2）、（1.3）中的气体黏度可视为常数，其密度可用压力代替（这是一个普遍的假设，参见文献[42]）。此外，引入无量纲量 $\xi = z/R$，$P = p/p_a$，$H = h/c$，$\tau = (\omega t)/(2\Lambda)$，这些方程可写成如下形式[36]：

$$-\frac{\partial}{\partial \theta}\left(PH^3 \frac{\partial P}{\partial \theta}\right) - \frac{\partial}{\partial \xi}\left(PH^3 \frac{\partial P}{\partial \xi}\right) + \Lambda \frac{\partial}{\partial \theta}(PH) + \frac{\partial}{\partial \tau}(PH) = 0 \quad (1.4)$$

和

$$-\frac{\partial}{\partial\theta}\left(PH^3\frac{\partial P}{\partial\theta}\right)-\frac{\partial}{\partial\xi}\left(PH^3\frac{\partial P}{\partial\xi}\right)+\Lambda\frac{\partial}{\partial\theta}(PH)+\frac{\partial}{\partial\tau}(PH)=\frac{\mathrm{d}\dot{m}_k}{2\mathscr{C}\mathrm{d}\theta\mathrm{d}\xi}$$

$$(1.5)$$

其中，

$$\mathscr{C}=\frac{c^3p_a^2}{24\sigma\mathfrak{R}T_0}$$

$$(1.6)$$

1.2　雷诺方程的数值解法

采用数值方式求解雷诺方程，可确定给定轴颈位置时轴承间隙中的气体压力分布。在轴颈和轴瓦轴线平行时，轴承间隙可描述为：

$$H(\theta)=1-\epsilon\cos(\theta-\theta_s),\ \epsilon=\frac{1}{c}\sqrt{(e_x)^2+(e_y)^2},\ \theta_s=\arctan\frac{e_y}{e_x}$$

$$(1.7)$$

在气膜上构建坐标为 θ，ξ 的 $M\times N$ 的网格（图 1.2），则可在网格点上确定气体在对应位置的压力值。代入 $P^2=Q$，雷诺方程可改写为[36]

$$-3H^2\left(\frac{\partial H}{\partial\theta}\frac{\partial Q}{\partial\theta}+\frac{\partial H}{\partial\xi}\frac{\partial Q}{\partial\xi}\right)-H^3\left(\frac{\partial^2 Q}{\partial\theta^2}+\frac{\partial^2 Q}{\partial\xi^2}\right)+\frac{\Lambda}{P}H\frac{\partial Q}{\partial\theta}$$

$$+2\Lambda\frac{Q}{P}\frac{\partial H}{\partial\theta}+\frac{1}{P}H\frac{\partial Q}{\partial\tau}+2P\frac{\partial H}{\partial\tau}=\frac{\mathrm{d}\dot{m}}{2\mathscr{C}\mathrm{d}\theta\mathrm{d}\xi}$$

$$(1.8)$$

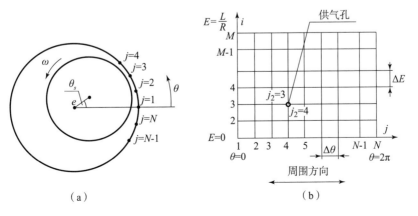

（a）　　　　　　　　　　　　（b）

图 1.2　气膜的网格

当存在供气口时源项不为零，式（1.8）的右侧为（i_z, j_z）点源项，此时可微分近似为[25]

$$\frac{\dot{m}_k}{\mathcal{C}\,\mathrm{d}\theta\mathrm{d}\xi} = 2v_k HFK_2 \tag{1.9}$$

其中常数

$$FK_2 = \frac{2\pi\sqrt{\kappa}}{\Delta\theta\Delta\xi}\beta^{\frac{\kappa+1}{2\kappa}}\left(\frac{p_0^*}{p_a}\right)^2\frac{12r_0\sigma}{p_0^* c^2}\sqrt{\Re T_0} \tag{1.10}$$

方程（1.8）采用前面提到的交替方向隐式法格式（ADI）求解，此时在 3 个间隔为无量纲时间步长 $\Delta\tau$ 的离散时间点 n，$n+1$，$n+2$ 进行计算，每个迭代周期可对 $n+1$ 和 $n+2$ 两个时间点进行求解。

开始计算时，假设 n 时间点的压力分布已知，则在迭代周期的第一阶段，在 $n+1$ 时间点，关于 θ 的导数未知，而关于 ξ 的导数为时间点 n 的已知值；在迭代周期的第二阶段，在 $n+2$ 时间点，关于 ξ 的导数未知，而关于 θ 的导数为时间点 $n+1$ 的已知值。在完成迭代循环时，将时间点 $n+2$ 视为新的时间点 n 并开始下一个迭代循环。该格式可由下列表达式[36]描述：

第一阶段：$n \rightarrow n+1$

$$\frac{H_{ij}^n}{P_{ij}^n}\frac{Q_{ij}^{n+1}-Q_{ij}^n}{\Delta\tau} + 2P_{ij}^n\frac{H_{ij}^{n+1}-H_{ij}^n}{\Delta\tau} + 2\Lambda\frac{Q_{ij}^{n+1}}{P_{ij}^n}\frac{H_{ij+1}^n-H_{ij-1}^n}{2\Delta\theta} + \frac{\Lambda H_{ij}^n}{P_{ij}^n}\frac{Q_{ij+1}^{n+1}-Q_{ij-1}^{n+1}}{2\Delta\theta}$$

$$-3\left(H_{ij}^n\right)^2\frac{\left(H_{ij+1}^n-H_{ij-1}^n\right)\left(Q_{ij+1}^{n+1}-Q_{ij-1}^{n+1}\right)}{4\Delta\theta^2}$$

$$-3\left(H_{ij}^n\right)^2\frac{\left(H_{i+1j}^n-H_{i-1j}^n\right)\left(Q_{i+1j}^n-Q_{i-1j}^n\right)}{4\Delta\xi^2} - \left(H_{ij}^n\right)^3\frac{Q_{ij+1}^{n+1}-2Q_{ij}^{n+1}+Q_{ij-1}^{n+1}}{\Delta\theta^2}$$

$$-\left(H_{ij}^n\right)^3\frac{Q_{i+1j}^n-2Q_{ij}^n+Q_{i-1j}^n}{\Delta\xi^2} = 2v_{ki,j,}H_{i,j,}^n FK_2 \tag{1.11}$$

其中，未知量为 Q_{ij-1}^{n+1}，Q_{ij}^{n+1}，Q_{ij+1}^{n+1}。

第二阶段：$n+1 \rightarrow n+2$

$$\frac{H_{ij}^{n+1}}{P_{ij}^{n+1}} \frac{Q_{ij}^{n+2} - Q_{ij}^{n+1}}{\Delta\tau} + 2P_{ij}^{n+1} \frac{H_{ij}^{n+2} - H_{ij}^{n+1}}{\Delta\tau} + 2\Lambda \frac{Q_{ij}^{n+1}}{P_{ij}^n} \frac{H_{ij+1}^{n+1} - H_{ij-1}^{n+1}}{2\Delta\theta}$$

$$+ \frac{\Lambda H_{ij}^{n+1}}{P_{ij}^{n+1}} \frac{Q_{ij+1}^{n+1} - Q_{ij-1}^{n+1}}{2\Delta\theta} - 3(H_{ij}^{n+1})^2 \frac{(H_{ij+1}^{n+1} - H_{ij-1}^{n+1})(Q_{ij+1}^{n+1} - Q_{ij-1}^{n+1})}{4\Delta\theta^2}$$

$$- 3(H_{ij}^{n+1})^2 \frac{(H_{i+1j}^{n+1} - H_{i-1j}^{n+1})(Q_{i+1j}^{n+2} - Q_{i-1j}^{n+2})}{4\Delta\xi^2}$$

$$- (H_{ij}^{n+1})^3 \frac{Q_{ij+1}^{n+1} - 2Q_{ij}^{n+1} + Q_{ij-1}^{n+1}}{\Delta\theta^2} - (H_{ij}^{n+1})^3 \frac{Q_{i+1j}^{n+2} - 2Q_{ij}^{n+2} + Q_{i-1j}^{n+2}}{\Delta\xi^2}$$

$$= 2\nu_{k_i, j_i} H_{i, j_i}^{n+1} FK_2$$

$$(1.12)$$

其中，未知量为 Q_{i-1j}^{n+2}，Q_{ij}^{n+2} 和 Q_{i+1j}^{n+2}。

只有当气膜中压力分布的边界条件和初始条件均已知时，方可使用 ADI 法进行计算，此时压力分布必须同时满足两个边界条件：

- 轴瓦两端的气体压力必须等于大气压；
- 周向的气体压力分布满足连续性条件。

由于方程（1.11）和方程（1.12）是非线性的，因此 ADI 法不是无条件稳定的数值方法。为了确保 ADI 法求解过程的稳定性，基于以往气体轴承的数值求解经验，应满足两个基本条件[37]：

- 进气口之间的网格点数不少于 2；
- 应假定时间步长 $\Delta\tau \leqslant 0.01$。

已知轴和轴瓦间隙中的压力分布，可由如下积分估算轴和轴瓦间的作用力：

$$\begin{cases} F_x = p_a R^2 \int_0^{2\pi} \int_0^{L/R} P(\xi, \theta) \cos\theta \mathrm{d}\xi \mathrm{d}\theta \\ F_y = p_a R^2 \int_0^{2\pi} \int_0^{L/R} P(\xi, \theta) \sin\theta \mathrm{d}\xi \mathrm{d}\theta \end{cases} \quad (1.13)$$

1.3 供气系统的质量流量方程

通过供气系统的流动方程应与雷诺方程一起求解，流经腔室进气系统的流动模型是基于所谓"高刚度"轴承[5,13,16,17]简化模型。

静压气体轴承的腔室供气系统如图1.3所示。压力为p_0^*的气体从横截面积为$A_d = \pi r_d^2$的孔口进入体积为V的腔室，然后通过半径为r_0的进气口进入轴颈和轴瓦间空隙中（图1.3）。为了描述其中通过的质量流量，需要考虑如下条件：

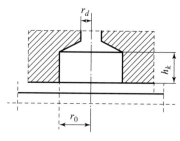

图1.3 腔室进气系统

（1）通过半径为r_0的供气口的质量流量与供气口周围的气膜压力分布的简化关系；

（2）对于横截面积为$A_k = 2\pi r_0 h_k$的供气口，质量流量与压降之间的关系；

（3）对于横截面积为$A_d = \pi r_d^2$的孔口，质量流量和压降之间的关系；

（4）前3条所述关系的连续性方程。

对于条件（1），在源点（i_z, j_z）附近，雷诺方程可简化为拉普拉斯方程，即

$$\frac{\partial^2 Q_{i,j_z}}{\partial \theta^2} + \frac{\partial^2 Q_{i,j_z}}{\partial \xi^2} = 0 \tag{1.14}$$

其中，$Q_{i,j_z} = P_{i,j_z}^2$为未知量[5,6,24]。方程的有限差分近似解的形式为

$$Q_{i,j_i} = \overline{Q}_{i,j_i} + \frac{\nu_k \pi_d}{H_{i,j_i}^2} F K_1 \qquad (1.15)$$

其中，

$$\overline{Q}_{i,j_i} = \frac{(Q_{i_x-1j_x} + Q_{i_x+1j_x})\dfrac{\Delta\theta}{\Delta\xi} + (Q_{i,j_x-1} + Q_{i,j_x+1})\dfrac{\Delta\xi}{\Delta\theta}}{2\left(\dfrac{\Delta\xi}{\Delta\theta} + \dfrac{\Delta\theta}{\Delta\xi}\right)} \qquad (1.16)$$

$$\frac{p_0^*}{p_a}\beta^{\frac{\kappa+1}{2\kappa}}\frac{48\mu}{p_a c}\sqrt{\kappa \Re T_0}\frac{\dfrac{\Delta\xi}{\Delta\theta}\ln\left(\dfrac{R\Delta\theta}{r_0}\right) + \dfrac{\Delta\theta}{\Delta\xi}\ln}{2\left(\dfrac{\Delta\xi}{\Delta\theta} + \dfrac{\Delta\theta}{\Delta\xi}\right)} \qquad (1.17)①$$

假设 p_e 为源点的压力，由等式

$$\pi_e = \frac{p_e}{p_1} = \frac{p_e}{p_a}\frac{1}{\pi_d} \Rightarrow \left(\frac{p_e}{p_a}\right)^2 = (\pi_d \pi_e)^2 \qquad (1.18)$$

式（1.15）可改写为

$$(\pi_d \pi_e \pi_0)^2 = \overline{Q} + \frac{v_k \pi_d}{H^2} F K_1 \qquad (1.19)$$

对于条件（2），通过供气孔的实际质量流量为

$$\dot{m}_k = \nu_k \dot{m}_k \qquad (1.20)$$

临界质量流量为

$$\dot{m}_k = A_k p_1 \sqrt{\frac{2\kappa}{\Re T_0(\kappa-1)}(1-\beta^{\frac{\kappa-1}{\kappa}})\beta^{\frac{1}{\kappa}}} \qquad (1.21)$$

如图 1.4 所示，可简单地用 Bendenmann 椭圆来估计系数 $\nu_k = \nu_k(\pi_t, \beta)$ [6]：

$$\frac{(\pi_t-\beta)^2}{(1-\beta)^2} + \nu_k^2 = 1 \qquad (1.22)$$

参数 π_t 理论上是与有效压力 π_e 有关的变量：

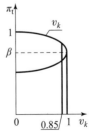

图 1.4 Bendenmann 椭圆

---

① 原书公式如正文所示。

$$(1 - \pi_e) = K(1 - \pi_t) \qquad (1.23)$$

系数 $K = K(\beta, \sigma, c, h, p_0^*, \nu_k, \pi_d)$ 由试验确定[25]，并有

$$K = 0.16 + 0.000\,2Re, \qquad \text{当 } Re \leqslant 2\,000$$

$$K = 0.685 + 0.155y - 0.19y^2, \quad \text{当 } 2\,000 < Re < 4\,000,$$

$$y = (Re - 3\,000)/2\,000$$

$$K = 0.715, \qquad \text{当 } Re \geqslant 4\,000$$

其中，雷诺数由下式给出：

$$Re = \beta^{\frac{\kappa+1}{2\kappa}} \frac{2\kappa}{\sigma \sqrt{\kappa \Re T_0}} \nu_k \pi_d c H_{i,j} p_0 \qquad (1.24)$$

由式（1.22）得 π_t，由式（1.23）得 π_e，可从式（1.19）获得包含未知 ν_{k*} 的方程：

$$\left[1 - K(1 - \beta)\left(1 - \sqrt{1 - \nu_k^2}\right)\right]^2 \pi_d \pi_0 = \overline{Q} + \frac{\nu_k \pi_d}{H^2} F K_1 \qquad (1.25)$$

对于条件（3），可由试验公式[6]计算出孔口的质量流量：

$$\nu_d = \frac{\dot{m}_d}{\dot{\mathbf{m}}_d} = C_d \nu(\pi_d) \qquad (1.26)$$

其中，

$$\dot{\mathbf{m}}_d = A_d p_0 \sqrt{\frac{2\kappa}{(\kappa - 1)\Re T_0}\left(1 - \beta^{\frac{\kappa-1}{\kappa}}\right)\beta^{\frac{1}{\kappa}}} \qquad (1.27)$$

当 $\beta < \pi_d \leqslant 1$ 时，有

$$\nu(\pi_d) = \frac{\pi_d^{\frac{1}{\kappa}}\sqrt{1 - \pi_d^{\frac{\kappa-1}{\kappa}}}}{\beta^{\frac{1}{\kappa}}\sqrt{1 - \beta^{\frac{\kappa-1}{\kappa}}}} \qquad (1.28)$$

当 $\pi_d \leqslant \beta$ 时，有

$$\nu(\pi_d) = 1 \qquad (1.29)$$

试验确定的流量系数 $C_d = C_d(\pi_d)$ 由文献[36]中给出：

$$C_d = 0.85 - 0.15\pi_d - 0.1\pi_d^2$$

对于条件（4），由于轴瓦的运动，质量流量 $\dot{m}_k$、$\dot{m}_d$ 随着时间而变化，并使腔室内压力 p_1 增加：

$$\frac{p_1 - p_{10}}{\Delta t} \frac{V}{\Re T_0} = \dot{m}_d - \dot{m}_k \tag{1.30}$$

下标 0 表示压力的初始值。将（1.31）和式（1.32），代入式（1.30），可得

$$\dot{m}_d = C_d A_d p_0^* \sqrt{\frac{2\kappa}{(\kappa - 1)\Re T_0}(1 - \pi_d^{\frac{\kappa-1}{\kappa}})\pi_d^{\frac{1}{\kappa}}} \tag{1.31}$$

$$\dot{m}_k = A_k p_1 \sqrt{\frac{2\kappa}{(\kappa - 1)\Re T_0}(1 - \pi_t^{\frac{\kappa-1}{\kappa}})\pi_t^{\frac{1}{\kappa}}} \tag{1.32}$$

$$\nu_d A_d p_0^* - \nu_k A_k p_1 = \frac{p_1 - p_{10}}{\Delta t} V FK_3 \tag{1.33}$$

其中，

$$FK_3 = \frac{1}{\Re T_0 \sqrt{\frac{2\kappa}{(\kappa - 1)\Re T_0}(1 - \beta^{\frac{\kappa-1}{\kappa}})\beta^{\frac{1}{\kappa}}}} \tag{1.34}$$

将式（1.33）除以 p_0^*，可得

$$\nu_d A_d - \nu_k A_k \pi_d = (\pi_d - \pi_{d0})\frac{V}{\Delta t}FK_3 \tag{1.35}$$

其中，π_d 为未知量；ν_d 为关于 π_d 的函数。下标 0 表示压比的初始值。

从方程（1.35）和方程（1.25）可以得到两个含未知数 π_d 和 $\nu_{k.}$ 的非线性方程。对其求解比较困难，需通过逐次逼近的方法来实现。

1.4　气体轴承的"轨迹"模型

迭代法是一种计算轴运动的常用方法。它将载荷力变化时的某一确定静平衡位置作为起点，逐个时间步长估算出加速度、速度和位移。可由静态模型估算描述这一静平衡位置的相关参数，包括轴的静态平衡位置 e_x，e_y（由此确定间隙 H）、静载荷 F_{z0}（等于静态

内部压力 F_0）以及气膜中的压力分布。

假设轴的初始速度为 0，按以下步骤进行计算：

（1）当 $t=0$ 时，载荷从 F_{z0} 增加到 F_z。经过时间步长 Δt 后，可通过 Runge-Kutta 法估算出轴的加速度、速度和位移。

（2）轴的位移改变了间隙 H。通过实际 H 的值，可解出雷诺方程和进气系统的质量流量方程。轴的位移使得轴和轴瓦间隙中形成新的压力分布。

（3）新的内部压力可以通过压力分布的积分求得。

（4）将所有的值，即步骤（1）的位移和速度，步骤（2）的压力分布和步骤（3）的内部压力，作为新的初始条件。将这组计算结果重新代入步骤（1），可计算下一个时间间隔 $\Delta t \rightarrow 2\Delta t$ 发生的所有情况。

这里介绍的计算不同时刻轴运动的方法，通常称为"轨迹法"。通过该方法我们可以获得任意形状、运行工况和初始条件下的轴心轨迹，进而计算稳定性阈值和预测轴承进入不稳定区域后的行为。由于该过程使用试错法，因此十分耗时，且确定完整的稳定性图谱的成本很高。另外，如果我们将轴承的数学模型视为"真实"轴承，认为该法计算的结果最准确，则可将此结果用于评估其他方法的准确性。

第 2 章

刚度和阻尼系数的识别

气体轴承的动态特性可由一组刚度和阻尼系数表示。这些系数是轴的静载荷、转速和涡动频率的函数，可直接用于临界速度、不平衡响应的计算，以及稳定性的研究。通常采用摄动法来求解雷诺方程（气体轴承数学模型的基本方程）获得系数的值，但这种方法仅对动压轴承或多孔质轴承有效，且仅可确定 8 个线性刚度和阻尼系数。

从 1991 年起，作者尝试用轨迹法来估算系数，这种方法通过建立轴承的数学模型可快速精确地计算出数值解。已知轴的位置时，轨迹法可对非线性雷诺方程数值积分，求得轴和轴瓦间隙中的气体压力分布，通过压力分布的积分得到轴承承载力的分量，再将这些分量代入轴的运动方程，就可得出轴的加速度，然后计算轴的速度和新位置，并按时间步长累积积分雷诺方程和轴运动方程，进而得到轴心轨迹。利用轴不同时刻的位移和速度，以及对应的载荷动态分量等数据就能识别刚度和阻尼系数。这种方法既可获得线性的系数，也可以获得非线性的系数，而且对于动压轴承和静压轴承均适用。作者开展的计算工作基于如下数据：

- 自由振动；
- 受迫振动；
- 轴的阶跃位移；
- 轴的简谐运动。

2.1 自 由 振 动

上面提到的轨迹法是基于任意初始条件下轴的自由振动。图 2.1 给出了当 $m = 20$ kg，$\epsilon = 0.2$，$\Lambda = 2$ 时，自由振动分析所得速度、位移和载荷力随时间的变化规律。

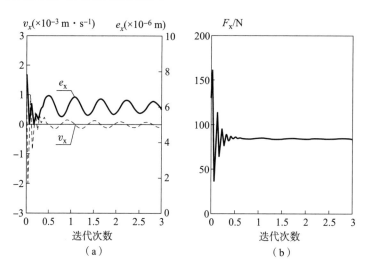

图 2.1　位移和速度的变化

（a）轴的自由振动；（b）载荷力的变化

载荷力的动态分量可写为（线性情况下）

$$\begin{cases} C_{11}\dot{x}(\tau) + C_{12}\dot{y}(\tau) + K_{11}x(\tau) + K_{12}y(\tau) = F_x(\tau) \\ C_{21}\dot{x}(\tau) + C_{22}\dot{y}(\tau) + K_{21}x(\tau) + K_{22}y(\tau) = F_y(\tau) \end{cases} \quad (2.1)$$

通过测定不同时刻 $\dot{x}$，$\dot{y}$，x，y，F_x 和 F_y，可建立以阻尼和刚度系数作为未知量的一组方程（2.1），这组方程可通过最小二乘法求解，但这个方法最大的缺点是会产生一阶和二阶固有频率的振动，只有当这些振动消失后，才能测量不同时刻速度、位移和载荷力，并且估算所得到的系数是振动频率的函数。这种情况可能仅适用于系统在稳定性阈值附近运行的工况（图 2.1）。为估算与振动频率有关的系数，必须对不同质量 m 重复上述求解过程。当质量小时，振幅快速减小；当质量过大时，振幅迅速增大，直至轴与轴瓦发生擦碰。这些原因导致自由振动数据无效，无法获得精确的线性刚度和阻尼系数值。

2.2　阶　跃　法

阶跃法出现于 1967 年，在文献[7,26]中有详细描述。这种方法能够给出每个自由度上轴的阶跃位移引发的气膜响应，然后根据 Duhamel 定理，利用这些阶跃响应计算稳定性阈值以及气膜的线性阻尼和刚度系数。

作者尝试这些方法时，发现应用 Duhamel 定理时会遇到 Laguerre 多项式收敛问题，特别是当轴承远离稳定性阈值时（即当特征值实部较大时）。另外，使用 Laguerre 多项式违背了热力学第二定律。这些问题限制阶跃法只能在稳定性阈值附近使用。从图 2.2 中可看出，

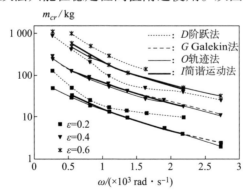

图 2.2　轴的临界质量与转速的关系（$\Lambda = 2$）

D—代表阶跃法；G—代表 Galerkin 法；

O—代表轨迹法；I—代表简谐运动法

估算的临界质量 m_{cr}（由曲线 D 表示）与轨迹法（曲线 O 表示）和 Gelerkin 法（曲线 G 表示）的临界质量计算结果差异很大。

2.3　简　谐　激　励

常用的计算气膜动态系数的方法，是利用轴承对简谐激励的响应进行求解。在沿 x 方向的外部动态力

$$F_{zx} = F_z \sin \nu_1 \tau \tag{2.2}$$

作用下产生的轴位移为

$$\begin{cases} x = X_1 \sin(\nu_1 \tau + \phi_{x1}) \\ y = Y_1 \sin(\nu_1 \tau + \phi_{y1}) \end{cases} \tag{2.3}$$

式（2.3）代入线性运动方程组，可得

$$\begin{cases} m\ddot{x} + C_{11}\dot{x} + C_{12}\dot{y} + K_{11}x + K_{12}y = F_{zx} \\ m\ddot{y} + C_{21}\dot{x} + C_{22}\dot{y} + K_{21}x + K_{22}y = F_{zy} \end{cases} \tag{2.4}$$

经变换可知，求解 8 个气膜系数所需的 4 个方程可用式（2.3）中与输入频率 ν_1 相关的参数 X_t、Y_1、ϕ_{x1} 和 ϕ_{y1} 表达，另外 4 个关系式可以用另一个输入频率 ν_2 给出。

鉴于本方法受限于线性运动方程的情况，需要有两个不同的输入频率 ν_1 和 ν_2，无法获得与振动频率 ν 相关的系数值，因此这种方法不能计算气膜动态系数。

另一种方式是采用轴承对简谐载荷的动态响应。对任意时间 τ_i，轴的运动方程可写为

$$\begin{cases} m\ddot{x}(\tau_i) + C_{11}\dot{x}(\tau_i) + C_{12}\dot{y}(\tau_i) + K_{11}x(\tau_i) + K_{12}y(\tau_i) = F_{zx}(\tau_i) \\ m\ddot{y}(\tau_i) + C_{21}\dot{x}(\tau_i) + C_{22}\dot{y}(\tau_i) + K_{21}x(\tau_i) + K_{22}y(\tau_i) = F_{zy}(\tau_i) \end{cases} \tag{2.5}$$

轴的加速度分量：

$$\begin{cases} \ddot{x}(\tau_i) = \dfrac{1}{m}(F_{zx}(\tau_i) - F_x(\tau_i)) \\[2mm] \ddot{y}(\tau_i) = \dfrac{1}{m}(F_{zy}(\tau_i) - F_y(\tau_i)) \end{cases} \tag{2.6}$$

将式（2.6）代入式（2.5），得

$$\begin{cases} C_{11}\dot{x}(\tau_i) + C_{12}\dot{y}(\tau_i) + K_{11}x(\tau_i) + K_{12}y(\tau_i) = F_x(\tau_i) \\ C_{21}\dot{x}(\tau_i) + C_{22}\dot{y}(\tau_i) + K_{21}x(\tau_i) + K_{22}y(\tau_i) = F_y(\tau_i) \end{cases} \quad (2.7)$$

在轴运动的一个周期 T 内，轴的速度分量和位移分量以及动态载荷力分量可通过仿真的各时间步长 $\Delta t = T/N$ 测得，由此写出 C_{11}，C_{12}，K_{11}，K_{12} 和 C_{21}，C_{22}，K_{21}，K_{22} 的两组 N 个方程（2.7），并通过最小二乘法求解。

用上述方法计算轴承的 8 个系数存在一些问题。例如，对于 $\varepsilon = 0.2$ 和 $\Lambda = 2$ 的情况，数值计算结果（图2.3）非常混乱，并不理想。其原因可简单解释如下：虽然轴承是个非线性系统，但由于不同时刻 $\dot{x}$，$\dot{y}$，x，y 几乎是简谐的，导致它们相互关联，因而系数的计算结果偶然性很大。

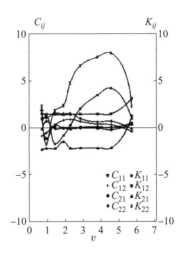

图 2.3　受迫振动中获得的错误系数

为避免在方程中存在线性相关函数，需要对该法进行改进，具体分为两个步骤：

（1）对轴施加 x 方向外部简谐载荷

$$F_{zx} = F_z \sin\nu\tau \quad (2.8)$$

轴的运动仅限于 x 方向，而 y 方向运动分量为 0，因此式（2.7）可

写成

$$\begin{cases} C_{11}\dot{x}(\tau_i) + K_{11}x(\tau_i) = F_x(\tau_i) \\ C_{21}\dot{x}(\tau_i) + K_{21}x(\tau_i) = F_y(\tau_i) \end{cases} \qquad (2.9)$$

（2）对轴施加 y 方向外部简谐载荷

$$F_{zy} = F_z \sin \nu t \qquad (2.10)$$

且轴的运动仅限于 y 方向，式（2.7）写为

$$\begin{cases} C_{12}\dot{y}(\tau_i) + K_{12}y(\tau_i) = F_x(\tau_i) \\ C_{22}\dot{y}(\tau_i) + K_{22}y(\tau_i) = F_y(\tau_i) \end{cases} \qquad (2.11)$$

测量这两个步骤中不同时刻 $\dot{x}$，$\dot{y}$，x，y，F_x，F_y，可得 4 组 N 个方程（2.9）或方程（2.11），每组方程都可以通过最小二乘法来计算系数。

图 2.4（虚线）显示了当 $\varepsilon = 0.2$ 和 $\Lambda = 2$ 时，使用此方法得到的阻尼和刚度系数。根据计算结果，可得到当 $\Lambda = 2$ 时轴的临界质量 $\underline{m}_{cr} = 36.2\ \mathrm{kg}$，比轨迹法计算结果大 20%。

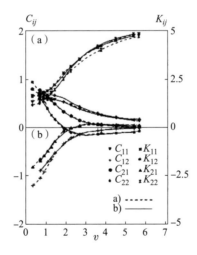

图 2.4　不同情况下获得的系数

（a）受迫振动（改进型）；（b）轴的简谐运动

数值结果表明，该方法无法计算非线性系数，F_x 和 F_y 的非线性程度弱于方程组（2.9）和方程组（2.11）的相关系数。

2.4 轴的简谐运动

作者提出了基于轴颈受迫简谐运动时轴承的响应（以载荷力分量动态增量的形式）来确定刚度和阻尼系数的方法。文献[14]中所描述的针对该方法第一个改进版本还不太完善，文献[15]中提出的另一版本则可成功地应用于气体轴承支承刚性转子稳定性和自激振动的数值分析。该方法能够在轴颈的 3 种不同受迫简谐运动中，根据不同时刻载荷力分量确定气体轴承（动压轴承和静压轴承）的线性及非线性刚度和阻尼系数。

由于在实验条件下，实际轴颈简谐运动的激励和载荷力的增量都难以测量，因此轴承是通过数学模型来进行描述的，另外假设轴承做简谐运动以便于采用正交法代替最小二乘法识别出非线性的刚度和阻尼系数。此外，当轴颈做简谐运动时，也便于确定以轴颈振动频率为自变量的刚度和阻尼系数。

如第 1 章所述，式（1.13）可用于计算作用在轴和轴瓦之间作用力分量。当轴颈在静平衡位置固定不动时，可知载荷力的分量 F_{zx}，F_{zy}，然后可以计算出由轴颈在静平衡位置附近运动引起的这些载荷力分量的增量。假设时间函数如下：

$$x = x(\tau)，y = y(\tau) \tag{2.12}$$

通过选择恰当的时间步长 $\Delta\tau$ 进行计算，可为下一步刚度和阻尼系数的计算提供依据（以位移、速度和力向量的形式）：

$$\begin{Bmatrix} x(\tau) \\ x(\tau + \Delta\tau) \\ \vdots \\ x(\tau + n\Delta\tau) \end{Bmatrix}，\begin{Bmatrix} \dot{x}(\tau) \\ \dot{x}(\tau + \Delta\tau) \\ \vdots \\ \dot{x}(\tau + n\Delta\tau) \end{Bmatrix}，\begin{Bmatrix} F(\tau) \\ F(\tau + \Delta\tau) \\ \vdots \\ F(\tau + n\Delta\tau) \end{Bmatrix} \tag{2.13}$$

正如绪论中所述，一旦通过数值模拟确定了在轴颈的简谐运动期间载荷力的动态增量，就可以计算刚度和阻尼系数。在一个周期内，这些瞬态增量的变化可以通过轴颈位移和速度乘积的线性组合来逼近。当因子数量为 3 时，这些乘积项具有如下形式：

$$\dot{x}, \ \dot{y}, \ x, \ y, \ \dot{x}^2, \ \dot{x}\dot{y}, \ \dot{x}x, \ \dot{x}y, \ \dot{y}^2, \ \dot{y}x, \ \dot{y}y, \ x^2, \ xy, \ y^2,$$
$$\dot{x}^3, \ \dot{x}^2\dot{y}, \ \dot{x}^2x, \ \dot{x}^2y, \ \dot{x}\dot{y}^2, \ \dot{x}\dot{y}x, \ \dot{x}\dot{y}y, \ \dot{x}x^2, \ \dot{x}xy, \ \dot{x}y^2, \quad (2.14)$$
$$\dot{y}^3, \ \dot{y}^2x, \ \dot{y}^2y, \ \dot{y}x^2, \ \dot{y}xy, \ \dot{y}y^2, \ x^3, \ x^2y, \ xy^2, \ y^3$$

确定系数流程的步骤如下。

阶段一：

由描述轴颈运动方程

$$x_1 = a\sin(\nu\tau), \quad y_1 = 0 \quad\quad\quad (2.15)$$

可求得气膜的载荷力 x 方向的动态分量 F_{xx} 和 y 方向的动态分量 F_{yx}。参考式（2.15），可知（2.14）中所包含 y 或 $\dot{y}$ 的乘积项均为 0，这意味着分量 F_{xx} 和 F_{yx} 可以写成位移项 x 和速度项 $\dot{x}$ 乘积的线性组合，形式如下：

$$
\begin{cases}
\dot{x} = \nu a\cos(\nu\tau), & x = a\sin(\nu\tau) \\
\dot{x}^2 = \nu^2 a^2\cos^2(\nu\tau), & \dot{x}x = \nu a^2\sin(\nu\tau)\cos(\nu\tau) \\
x^2 = a^2\sin^2(\nu\tau), & \dot{x}^3 = \nu^3 a^3\cos^3(\nu\tau) \\
\dot{x}^2x = \nu^2 a^3\cos^2(\nu\tau)\sin(\nu\tau), & \dot{x}x^2 = \nu a^3\sin^2(\nu\tau)\cos(\nu\tau) \\
x^3 = a^3\sin^3(\nu\tau) &
\end{cases}
\quad (2.16)
$$

可见，函数 $\nu^2 a^3\sin(\nu\tau)\cos^2(\nu\tau)$ 是函数 $a\sin(\nu\tau)$ 和 $a^3\sin^3(\nu\tau)$ 的线性组合，而 $\nu^3 a^3\cos^3(\nu\tau)$ 是函数 $\nu a\cos(\nu\tau)$ 和 $\nu a^3\sin^2(\nu\tau)\cos(\nu\tau)$ 的线性组合，其余函数则是线性无关的。一旦排除了线性相关的函数，在任意时间 τ，分量 F_{xx} 和 F_{yx} 可以写为

$$
\begin{cases}
F_{xx} = C_{11}\dot{x} + C_{13}\dot{x}x + C_{15}\dot{x}^2 + C_{17}x^2\dot{x} + K_{11}x + K_{13}x^2 + K_{15}x^3 \\
F_{yx} = C_{21}\dot{x} + C_{23}\dot{x}x + C_{25}\dot{x}^2 + C_{27}x^2\dot{x} + K_{21}x + K_{23}x^2 + K_{25}x^3
\end{cases}
\quad (2.17)
$$

阶段二：

由描述轴颈运动方程

$$x_2 = 0, \quad y_2 = a\sin(\nu\tau) \quad\quad\quad (2.18)$$

可求得气膜的载荷力 x 方向的动态分量 F_{xy} 和 y 向的动态分量 F_{yy}。与

阶段一类似，动态载荷分量可以写为

$$\begin{cases} F_{xy} = C_{12}\dot{y} + C_{14}\dot{y}y + C_{16}\dot{y}^2 + C_{18}y^2\dot{y} + K_{12}y + K_{14}y^2 + K_{16}y^3 \\ F_{yy} = C_{22}\dot{y} + C_{24}\dot{y}y + C_{26}\dot{y}^2 + C_{28}y^2\dot{y} + K_{22}y + K_{24}y^2 + K_{26}y^3 \end{cases} \quad (2.19)$$

式（2.17）和式（2.19）中的刚度和阻尼系数均为关于轴颈载荷、角速度和振动频率的函数。当载荷力为 F_z，角速度为 Λ，振动频率为 ν 时，在一个周期内稳态轴颈运动以 $\Delta\tau = T/N$ 为时间步长，可以测得载荷力分量 F_{xx}、F_{xy}、F_{yx} 和 F_{yy}，位移项 x、y，以及速度项 $\dot{x}$ 和 $\dot{y}$，可得 $\boldsymbol{F}_{xx}$，$\boldsymbol{F}_{xy}$，$\boldsymbol{F}_{yx}$，$\boldsymbol{F}_{yy}$，$\boldsymbol{x}$，$\boldsymbol{y}$，$\dot{\boldsymbol{x}}$，$\dot{\boldsymbol{y}}$ 的 8 个向量，并且这些向量满足

$$\begin{cases} \boldsymbol{F}_{xx} = C_{11}\dot{\boldsymbol{x}} + C_{13}\dot{\boldsymbol{x}}\boldsymbol{x} + C_{15}\dot{\boldsymbol{x}}^2 + C_{17}\boldsymbol{x}^2\dot{\boldsymbol{x}} + K_{11}\boldsymbol{x} + K_{13}\boldsymbol{x}^2 + K_{15}\boldsymbol{x}^3 \\ \boldsymbol{F}_{yx} = C_{21}\dot{\boldsymbol{x}} + C_{23}\dot{\boldsymbol{x}}\boldsymbol{x} + C_{25}\dot{\boldsymbol{x}}^2 + C_{27}\boldsymbol{x}^2\dot{\boldsymbol{x}} + K_{21}\boldsymbol{x} + K_{23}\boldsymbol{x}^2 + K_{25}\boldsymbol{x}^3 \\ \boldsymbol{F}_{xy} = C_{12}\dot{\boldsymbol{y}} + C_{14}\dot{\boldsymbol{y}}\boldsymbol{y} + C_{16}\dot{\boldsymbol{y}}^2 + C_{18}\boldsymbol{y}^2\dot{\boldsymbol{y}} + K_{12}\boldsymbol{y} + K_{14}\boldsymbol{y}^2 + K_{16}\boldsymbol{y}^3 \\ \boldsymbol{F}_{yy} = C_{22}\dot{\boldsymbol{y}} + C_{24}\dot{\boldsymbol{y}}\boldsymbol{y} + C_{26}\dot{\boldsymbol{y}}^2 + C_{28}\boldsymbol{y}^2\dot{\boldsymbol{y}} + K_{22}\boldsymbol{y} + K_{24}\boldsymbol{y}^2 + K_{26}\boldsymbol{y}^3 \end{cases} \quad (2.20)$$

例如，存在如下各向量：

$$\boldsymbol{F}_{xx} = \begin{Bmatrix} F_{xx}(\Delta\tau) \\ F_{xx}(2\Delta\tau) \\ F_{xx}(3\Delta\tau) \\ \vdots \\ F_{xx}(T) \end{Bmatrix}, \quad \dot{\boldsymbol{x}}\boldsymbol{x} = \begin{Bmatrix} \dot{x}(\Delta\tau)x(\Delta\tau) \\ \dot{x}(2\Delta\tau)x(2\Delta\tau) \\ \dot{x}(3\Delta\tau)x(3\Delta\tau) \\ \vdots \\ \dot{x}(T)x(T) \end{Bmatrix}, \quad \boldsymbol{x} = \begin{Bmatrix} x(\Delta\tau) \\ x(2\Delta\tau) \\ x(3\Delta\tau) \\ \vdots \\ x(T) \end{Bmatrix} \quad (2.21)$$

可见式（2.20）右侧向量线性无关，但其中 $\boldsymbol{x}$ 和 $\boldsymbol{x}^3$、$\dot{\boldsymbol{x}}$ 和 $\boldsymbol{x}^2\dot{\boldsymbol{x}}$、$\dot{\boldsymbol{x}}^2$ 和 $\boldsymbol{x}^2$ 三对变量，以及类似的 $\boldsymbol{y}$ 和 $\boldsymbol{y}^3$、$\dot{\boldsymbol{y}}$ 和 $\boldsymbol{y}^2\dot{\boldsymbol{y}}$、$\dot{\boldsymbol{y}}^2$ 和 $\boldsymbol{y}^2$ 三对变量，并不是正交的。众所周知，由一组线性独立两个向量，可以表示为由另一组相互正交的两个向量的线性组合。如下式向量 $\boldsymbol{u}_1$ 和 $\boldsymbol{u}_2$ 定义为

$$\boldsymbol{u}_1 = \frac{\boldsymbol{z}_1}{|\boldsymbol{z}_1|} \ (\boldsymbol{z}_1 = \boldsymbol{x}), \ \boldsymbol{u}_2 = \frac{\boldsymbol{z}_2}{|\boldsymbol{z}_2|} \ (\boldsymbol{z}_2 = \boldsymbol{x}^3 - (\boldsymbol{u}_1, \ \boldsymbol{x}^3)\boldsymbol{u}_1) \quad (2.22)$$

这两个向量就可由向量 $\boldsymbol{x}$ 和 $\boldsymbol{x}^3$ 的线性组合来表示，并且 $\boldsymbol{u}_1$ 和 $\boldsymbol{u}_2$ 相

互正交。当然，$\boldsymbol{u}_1$ 和 $\boldsymbol{u}_2$ 与剩余其他向量 $\dot{\boldsymbol{x}}$，$\boldsymbol{x}^2\dot{\boldsymbol{x}}$，$\boldsymbol{x}^2$，$\dot{\boldsymbol{x}}^2$ 和 $\boldsymbol{x}\dot{\boldsymbol{x}}$ 也是正交的。依此类推，可最终形成所有向量的正交组合，即

$$\boldsymbol{u}_3 = \frac{\boldsymbol{z}_3}{|\boldsymbol{z}_3|}\ (\boldsymbol{z}_3 = \dot{\boldsymbol{x}}),\ \boldsymbol{u}_4 = \frac{\boldsymbol{z}_4}{|\boldsymbol{z}_4|}\ (\boldsymbol{z}_4 = \boldsymbol{x}^2\dot{\boldsymbol{x}} - (\boldsymbol{u}_3,\ \boldsymbol{x}^2\dot{\boldsymbol{x}})\boldsymbol{u}_3) \quad (2.23)$$

和

$$\boldsymbol{u}_5 = \frac{\boldsymbol{z}_5}{|\boldsymbol{z}_5|}\ (\boldsymbol{z}_5 = \boldsymbol{x}^2),\ \boldsymbol{u}_6 = \frac{\boldsymbol{z}_6}{|\boldsymbol{z}_6|}\ (\boldsymbol{z}_6 = \dot{\boldsymbol{x}}^2 - (\boldsymbol{u}_5,\ \dot{\boldsymbol{x}}^2)\boldsymbol{u}_5) \quad (2.24)$$

另外再加上 $\boldsymbol{u}_7 = \boldsymbol{x}\dot{\boldsymbol{x}}$，我们就可获得一组完整的 7 个正交向量 $\boldsymbol{u}_1$，$\boldsymbol{u}_2$，$\boldsymbol{u}_3$，$\cdots$，$\boldsymbol{u}_7$。式（2.20）中的前两个等式此时可改写为

$$\begin{cases} \boldsymbol{F}_{xx} = a_1\boldsymbol{u}_1 + a_2\boldsymbol{u}_2 + a_3\boldsymbol{u}_3 + \cdots + a_7\boldsymbol{u}_7 \\ \boldsymbol{F}_{yx} = b_1\boldsymbol{u}_1 + b_2\boldsymbol{u}_2 + b_3\boldsymbol{u}_3 + \cdots + b_7\boldsymbol{u}_7 \end{cases} \quad (2.25)$$

在向量正交化过程中，可以计算得到向量 $\boldsymbol{u}_1$，$\boldsymbol{u}_2$，$\boldsymbol{u}_3$，$\cdots$，$\boldsymbol{u}_7$ 对向量载荷 $\boldsymbol{F}_{xx}$ 和 $\boldsymbol{F}_{yx}$ 的贡献。将式（2.25）乘以分量 $\boldsymbol{u}_1$，$\boldsymbol{u}_2$，$\boldsymbol{u}_3$，$\cdots$，$\boldsymbol{u}_7$，可得

$$\begin{cases} (\boldsymbol{F}_{xx},\ \boldsymbol{u}_1) = a_1(\boldsymbol{u}_1,\ \boldsymbol{u}_1) + a_2(\boldsymbol{u}_2,\ \boldsymbol{u}_1) + \cdots + a_7(\boldsymbol{u}_7,\ \boldsymbol{u}_1) \\ (\boldsymbol{F}_{xx},\ \boldsymbol{u}_2) = a_1(\boldsymbol{u}_1,\ \boldsymbol{u}_2) + a_2(\boldsymbol{u}_2,\ \boldsymbol{u}_2) + \cdots + a_7(\boldsymbol{u}_7,\ \boldsymbol{u}_2) \\ \qquad\qquad\qquad\qquad\qquad \vdots \\ (\boldsymbol{F}_{xx},\ \boldsymbol{u}_7) = a_1(\boldsymbol{u}_1,\ \boldsymbol{u}_7) + a_2(\boldsymbol{u}_2,\ \boldsymbol{u}_7) + \cdots + a_7(\boldsymbol{u}_7,\ \boldsymbol{u}_7) \end{cases} \quad (2.26)$$

当 $i = j$ 时，向量内积 $(\boldsymbol{u}_i,\ \boldsymbol{u}_j) = 1$，而当 $i \ne j$ 时，向量内积 $(\boldsymbol{u}_i,\ \boldsymbol{u}_j) = 0$，因此由式（2.26）得

$$\begin{cases} a_1 = (\boldsymbol{F}_{xx},\ \boldsymbol{u}_1),\quad b_1 = (\boldsymbol{F}_{yx},\ \boldsymbol{u}_1) \\ a_2 = (\boldsymbol{F}_{xx},\ \boldsymbol{u}_2),\quad b_2 = (\boldsymbol{F}_{yx},\ \boldsymbol{u}_2) \\ \quad \vdots \qquad\qquad\qquad\qquad \vdots \\ a_7 = (\boldsymbol{F}_{xx},\ \boldsymbol{u}_7),\quad b_7 = (\boldsymbol{F}_{yx},\ \boldsymbol{u}_7) \end{cases} \quad (2.27)$$

确定 a_1，a_2，$\cdots$，a_7 和 b_1，b_2，$\cdots$，b_7 后，就可以计算刚度和阻尼系数 K_{11}，K_{12}，$\cdots$，K_{16}，C_{11}，C_{12}，$\cdots$，C_{18} 的值。假如，刚度系数 K_{11} 和 K_{15} 满足等式

$$K_{11}\boldsymbol{x} + K_{15}\boldsymbol{x}^3 = a_1\boldsymbol{u}_1 + a_2\boldsymbol{u}_2 \quad (2.28)$$

将式 (2.22) 代入式 (2.28) 可得

$$K_{11}\boldsymbol{x} + K_{15}\boldsymbol{x}^3 = \left[\frac{a_1}{|\boldsymbol{z}_1|} - \frac{a_2(\boldsymbol{u}_1, \ \boldsymbol{x}^3)}{|\boldsymbol{z}_1||\boldsymbol{z}_2|}\right]\boldsymbol{x} + \left[\frac{a_2}{|\boldsymbol{z}_2|}\right]\boldsymbol{x}^3 \qquad (2.29)$$

因此

$$K_{11} = \left[\frac{a_1}{|\boldsymbol{z}_1|} - \frac{a_2(\boldsymbol{u}_1, \ \boldsymbol{x}^3)}{|\boldsymbol{z}_1||\boldsymbol{z}_2|}\right], \ K_{15} = \left[\frac{a_2}{|\boldsymbol{z}_2|}\right] \qquad (2.30)$$

向量 $\boldsymbol{x}\dot{\boldsymbol{x}} = \boldsymbol{u}_7$（或 $\boldsymbol{y}\dot{\boldsymbol{y}}$）与 $\boldsymbol{u}_1$，$\boldsymbol{u}_2$，$\cdots$，$\boldsymbol{u}_6$ 正交，阻尼系数 $C_{13} = a_7$ 和 $C_{14} = b_7$ 可从 (2.27) 直接获得外，其余系数（C_{13} 和 C_{14} 除外）可根据以上各式求得。同理，系数 K_{21}，K_{22}，$\cdots$，K_{26}，C_{21}，C_{22}，$\cdots$，C_{28} 的值也可用类似式（2.22）~式（2.30）各式求得。

阶段三：

在上述前两个阶段中，可以在位移 $\boldsymbol{x}$ 及其速度 $\dot{\boldsymbol{x}}$ 的乘积以及位移 $\boldsymbol{y}$ 及其速度 $\dot{\boldsymbol{y}}$ 乘积的基础上确定刚度和阻尼系数，而考虑位移 $\boldsymbol{x}$ 及其速度 $\dot{\boldsymbol{x}}$ 与位移 $\boldsymbol{y}$ 及其速度 $\dot{\boldsymbol{y}}$ 交叉项［见式（2.14）］的系数将在阶段三中确定，此时轴颈运动方程：

$$x_3 = a\sin(\nu\tau), \ y_3 = -a\cos(\nu\tau) \qquad (2.31)$$

它兼顾了阶段一和阶段二中轴颈受迫激励下的位移。此时，包括 x 和 y 两个方向的位移和速度的交叉项如下：

$$\begin{cases}
\dot{x}\dot{y} = -\nu^2 a^2 \sin(\nu\tau)\cos(\nu\tau), & \dot{x}y = -\nu a^2 \cos^2(\nu\tau) \\
\dot{y}x = \nu a^2 \sin^2(\nu\tau), & xy = -a^2 \sin(\nu\tau)\cos(\nu\tau) \\
\dot{x}^2\dot{y} = \nu^3 a^3 \cos^2(\nu\tau)\sin(\nu\tau), & \dot{x}^2 y = -\nu^2 a^3 \cos^3(\nu\tau) \\
\dot{x}\dot{y}^2 = \nu^3 a^3 \cos(\nu\tau)\sin^2(\nu\tau), & \dot{x}\dot{y}x = \nu^2 a^3 \cos(\nu\tau)\sin^2(\nu\tau) \\
\dot{x}\dot{y}y = -\nu^2 a^3 \cos^2(\nu\tau)\sin(\nu\tau), & x\dot{x}y = -\nu a^3 \cos^2(\nu\tau)\sin(\nu\tau) \\
\dot{x}y^2 = \nu a^3 \cos^3(\nu\tau), & \dot{y}^2 x = \nu^2 a^3 \sin^3(\nu\tau) \\
\dot{y}x^2 = \nu a^3 \sin^3(\nu\tau), & \dot{y}xy = -\nu a^3 \sin(\nu\tau)\cos^3(\nu\tau) \\
x^2 y = -a^3 \sin^2(\nu\tau)\cos(\nu\tau), & xy^2 = a^3 \sin(\nu\tau)\cos^2(\nu\tau)
\end{cases} \qquad (2.32)$$

我们可以从中选择 7 个线性独立的函数 $\dot{x}y$、$\dot{y}x$、xy、$\dot{x}y^2$、$\dot{y}x^2$、$x^2 y$ 和 xy^2，其中 3 对函数（$\dot{x}y$ 和 $\dot{y}x$，$x^2 y$ 和 $\dot{y}x^2$，$\dot{x}y^2$ 和 yx^2）不是相互

正交的。

式（2.31）所描述的轴颈运动中，将出现载荷力在 x 方向的动态分量 F_{x0} 和 y 方向的动态分量 F_{y0}，这些分量可以用 F_{xx}，F_{xy}，F_{yx}，F_{yy} 以及 F_{xr} 与 F_{yr} 的组合来表示，其中 F_{xr} 与 F_{yr} 在轴颈同时产生 x 和 y 方向位移时出现：

$$\begin{cases} F_{x0} = F_{xx} + F_{xy} + F_{xr} = F_{xx} + F_{xy} \\ \qquad + C_{19}\dot{x}y + C_{110}\dot{y}x + C_{111}\dot{x}y^2 + C_{112}\dot{y}x^2 + K_{17}xy + K_{18}x^2y + K_{19}y^2x \\ F_{y0} = F_{yx} + F_{yy} + F_{yr} = F_{yx} + F_{yy} \\ \qquad + C_{29}\dot{x}y + C_{210}\dot{y}x + C_{211}\dot{x}y^2 + C_{212}\dot{y}x^2 + K_{27}xy + K_{28}x^2y + K_{29}y^2x \end{cases}$$

$$(2.33)$$

当前两个阶段中的系数 $C_{11} - C_{18}$，$K_{11} - K_{16}$，$C_{21} - C_{28}$ 和 $K_{21} - K_{26}$ 已知，则可得关于分量 F_{xx}，F_{xy}，F_{yx}，F_{yy} 的时间序列。从 F_{x0} 和 F_{y0} 中减去它们之后，可得

$$\begin{cases} F_{xr} = F_{x0} - F_{xx} - F_{xy} \\ \quad = C_{19}\dot{x}y + C_{110}\dot{y}x + C_{111}\dot{x}y^2 + C_{112}\dot{y}x^2 + K_{17}xy + K_{18}x^2y + K_{19}y^2x \\ F_{yr} = F_{y0} - F_{yx} - F_{yy} \\ \quad = C_{29}\dot{x}y + C_{210}\dot{y}x + C_{211}\dot{x}y^2 + C_{212}\dot{y}x^2 + K_{27}xy + K_{28}x^2y + K_{29}y^2x \end{cases}$$

$$(2.34)$$

其中，等式右侧的系数可用上文提到的正交化过程来确定。

最后，只要计算出所有的刚度和阻尼系数，在轴颈任意周期性运动时出现的载荷力分量可以写成下面形式：

$$\begin{cases} F_x = C_{11}\dot{x} + C_{12}\dot{y} + C_{13}\dot{x}x + C_{14}\dot{y}y + C_{15}\dot{x}^2 + C_{16}\dot{y}^2 + C_{17}x^2\dot{x} \\ \quad + C_{18}y^2\dot{y} + C_{19}\dot{x}y + C_{110}\dot{y}x + C_{111}\dot{x}y^2 + C_{112}\dot{y}x^2 + K_{11}x + K_{12}y \\ \quad + K_{13}x^2 + K_{14}y^2 + K_{15}x^3 + K_{16}y^3 + K_{17}xy + K_{18}x^2y + K_{19}y^2x \\ F_y = C_{21}\dot{x} + C_{22}\dot{y} + C_{23}\dot{x}x + C_{24}\dot{y}y + C_{25}\dot{x}^2 + C_{26}\dot{y}^2 + C_{27}x^2\dot{x} \\ \quad + C_{28}y^2\dot{y} + C_{29}\dot{x}y + C_{210}\dot{y}x + C_{211}\dot{x}y^2 + C_{212}\dot{y}x^2 + K_{21}x + K_{22}y \\ \quad + K_{23}x^2 + K_{24}y^2 + K_{25}x^3 + K_{26}y^3 + K_{27}xy + K_{28}x^2y + K_{29}y^2x \end{cases}$$

$$(2.35)$$

在 4.2 节中将给出该方法的一些算例。

2.4.1　算法精度

在计算由式（2.15）、式（2.18）和式（2.31）描述的简谐受迫激励下轴颈运动的轴承响应时，需先假定该运动的振幅 a、时间步长 $\Delta\tau$ 和持续时间。通过数值计算发现，如果时间步长等于运动周期的 1/360，则不影响计算结果；而采用更小的 $\Delta\tau$ 值，只会延长不必要的计算时间。另外，由轴颈简谐运动引起的载荷力动态分量的时间序列会在轴颈 4~6 个运动周期后呈现周期性，因此假定 $F(\tau)$ 和 $F(\tau+T)$ 值的前 6 位有效数字是否具有重复性作为轴颈运动周期性的检验标准。图 2.5 显示了轴颈简谐运动 $x=a\sin(\nu\tau)$ （其中 $a=0.1$，$\nu=4$，$\Lambda=4$）的承载响应（F_{xx} 和 F_{yx}）。显见，仅轴颈运动前两个周期是无法判断函数 $F_{xx}(\tau)$ 和 $F_{yx}(\tau)$ 是否具有周期性的。

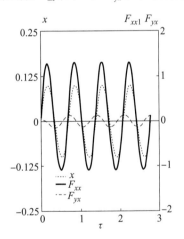

图 2.5　轴承对轴颈简谐运动的响应
$\Lambda=4$，$\nu=4$，$F_z=3.5$

此过程中最大的争议可能来自简谐运动振幅 a 的假定值。在计算中，假设 $a=0.1$，为了评估振幅对刚度和阻尼系数的影响，对 $\Lambda=4$ 和 $\nu=2$ 的情况，再假设 $a=0.066$，0.1，0.2，0.3，0.4，并分别进行计算，结果见图 2.6（a）（线性系数）和图 2.6（b）（非

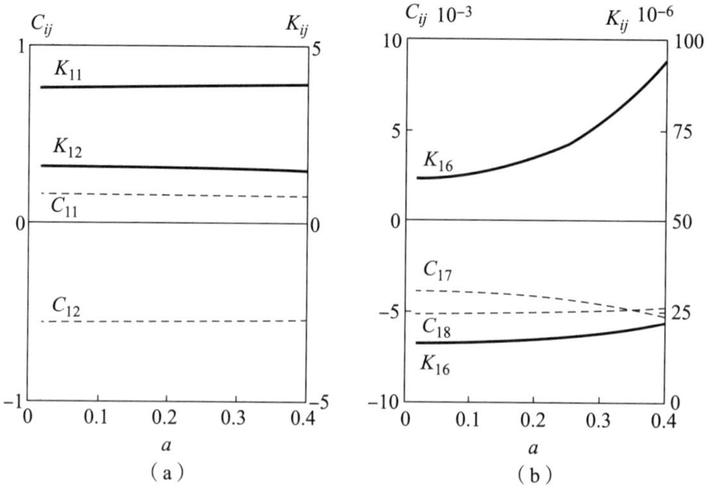

图 2.6 振幅 a 对刚度和阻尼系数的影响

（a）线性系数；（b）非线性系数

线性系数）。

由图 2.6（a）可知，轴颈运动振幅 a 对于系统稳定性的线性系数几乎没有影响。在 $a=0.02$ 到 $a=0.4$ 区间内，这些系数值最多改变了 9%。变化最显著的是与因子 x^3 和 y^3 相关的刚度和阻尼系数 K_{15}，K_{16}，K_{25}，K_{26} 的值［图 2.6（b）］。为了确定对系统极限环边界的影响，必须确定分岔解最大半径随时间的变化。图 2.7 为 3 种振

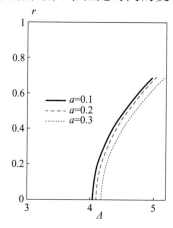

图 2.7 振幅 a 对极限环半径的影响

幅 $a = 0.1$，0.2 和 0.3 条件下的轴承系数，说明轴颈运动振幅的变化使得边界角速度增加了 3.5%，从 4 增加到了 4.2，而分岔解随时间的变化是相同的。

刚度和阻尼系数的识别是根据轴承载荷力动态分量 F_x 和 F_y 随时间的变化确定的，该动态分量是由轴颈在 x 方向［式（2.15）］和 y 方向［式（2.18）］的简谐运动以及轴颈沿圆周运动［式（2.31）］引起的。我们发现，在这 3 种运动下轴颈运动通过近似视为"真实"的数值模拟方法确定的载荷力分量以及通过式（2.35）计算组合刚度和阻尼系数，所得载荷力分量的时间序列在 4～5 位有效数字时精度相当。这意味着，在这些力的向量中没有高于 3 阶的速度和位移的乘积项，比如 $x^2 y^3$ 等没有在式（2.14）中出现。图 2.8（a）显示了在方程所对应受迫轴颈运动中，载荷力分量 F_x 随时间的变化。

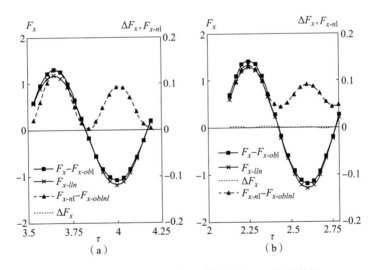

图 2.8　轴承对轴颈简谐运动的响应——方法精度

$\Lambda = 4$, $\nu = 5$

（a）$x = a\sin(\nu\tau)$, $y = 0$；（b）$x = a\sin(\nu\tau)$, $y = a\cos(\nu\tau)$

$$x = a\sin(\nu\tau)，\quad y = 0 \tag{2.36}$$

其中，轴颈角速度为 $\Lambda = 3.7$，涡动频率为 $\nu = 1.8$。

假设 F_x 为通过轨迹模型运动模拟所得载荷力分量；F_{x-obl} 为采用方程（2.35）计算所得的载荷力分量，其中刚度和阻尼系数根据上节所述方法确定；F_{x-lin} 为 F_x 和 F_{x-obl} 的线性分量。各对应值可在图 2.8 中坐标系左轴读取，而由于 F_x 和 F_{x-obl} 之差很小，因此它们的非线性部分 F_{x-nl} 和 $F_{x-oblnl}$ 值用虚线在图 2.8 中表示；对应值可以图 2.8 中坐标系右轴读取

$$F_{x-nl} = F_x - F_{x-lin} \qquad (2.37)$$

和

$$F_{x-oblnl} = F_{x-obl} - F_{x-lin} \qquad (2.38)$$

两种方法所得载荷力分量的差值 ΔF_x，同时也是载荷力分量非线性部分的差值

$$\Delta F_x = F_x - F_{x-obl} \qquad (2.39)$$

可由点线在坐标系右轴读取。

在周期一定条件下，由式（2.35）描述的载荷力分量，其对应轴颈运动虽与以上参数辨识过程涉及的 3 种运动形式不同，但数值上与"真实"值偏差极小，验证了上述的参数辨识方法的正确性。

与此类似，图 2.8（b）显示了关于轴颈简谐运动

$$x = a\sin(\nu\tau), \quad y = a\sin(\nu\tau) \qquad (2.40)$$

也就是"沿对角线"运动，其载荷力分量的"真实"值和由式（2.35）所得计算值。可见，其差值不仅远小于载荷力分量值，也远小于载荷力分量的非线性部分。在作者看来，这证实了采用方程（2.35）计算轴承载荷力的动态分量是可行的，并证实了此处刚度和阻尼系数参数辨识方法的正确性。

2.4.2 任意 Λ 和 ν 时各系数的估算——插值

对包括气体轴承在内的系统进行动力学分析，需要在假定的轴承载荷 F_z 的变化范围内，确定转子在任意速度 Λ 和涡动频率 ν 下的刚度和阻尼系数。这需要在刚度和阻尼系数的辨识过程中，选取 M

个 Λ_i 值和 N 个 ν_j 值以确定待辨识系数的图谱范围。在点 (Λ, ν) 附近，这些系数可以通过变量为 Λ 和 ν 的多项式或傅里叶级数来逼近。

对一个具有两个变量的系数，如此处的 $K_{11}(\Lambda, \nu)$，其多项式近似函数可表示为

$$K_{11}(\Lambda_i, \nu_j) = b_1^{(K_{11})} + b_2^{(K_{11})} \Lambda_i + b_3^{(K_{11})} \nu_j + b_4^{(K_{11})} \Lambda_i^2 + b_5^{(K_{11})} \Lambda_i \nu_j$$
$$+ b_6^{(K_{11})} \nu_j^2 + b_7^{(K_{11})} \Lambda_i^3 + b_8^{(K_{11})} \Lambda_i^2 \nu_j + b_9^{(K_{11})} \Lambda_i \nu_j^2 + b_{10}^{(K_{11})} \nu_j^3 \tag{2.41}$$

在图 2.9 中，对给定点 (Λ, ν)，可选取以其为中心区域的附近 $\Lambda_i(i = 1, 2, \cdots, 4)$ 和 $\nu_j(j = 1, 2, \cdots, 4)$ 对应的 16 个点，式 (2.41) 中 10 个未知系数 $b_1, b_2, \cdots, b_{10}$ 可由这 16 个点对应的方程通过求得下式的极小值得出：

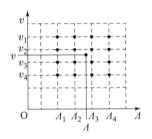

图 2.9　多项式近似的 $\nu - \Lambda$ 网格

$$J = \sum_{i=1}^{4} \sum_{j=1}^{4} \left[K_{11}(\Lambda_i, \nu_j) - b_1^{(K_{11})} - b_2^{(K_{11})} \Lambda_i - b_3^{(K_{11})} \nu_j - b_4^{(K_1 1)} \Lambda_i^2 \right.$$
$$\left. - b_5^{(K_{11})} \Lambda_i \nu_j - b_6^{(K_{11})} \nu_j^2 - b_7^{(K_{11})} \Lambda_i^3 - b_8^{(K_{11})} \Lambda_i^2 \nu_j - b_9^{(K_{11})} \Lambda_i \nu_j^2 - b_{10}^{(K_{11})} \nu_j^3 \right]^2$$
$$\tag{2.42}$$

对任意 (Λ, ν)，系数 K_{11} 可以计算为

$$K_{11}(\Lambda, \nu) = b_1^{(K_{11})} + b_2^{(K_{11})} \Lambda + b_3^{(K_{11})} \nu + b_4^{(K_{11})} \Lambda^2 + b_5^{(K_{11})} \Lambda \nu$$
$$+ b_6^{(K_{11})} \nu^2 + b_7^{(K_{11})} \Lambda^3 + b_8^{(K_{11})} \Lambda^2 \nu + b_9^{(K_{11})} \Lambda \nu^2 + b_{10}^{(K_{11})} \nu^3 \tag{2.43}$$

这里的根本问题是近似多项式阶数的选取。如前面介绍函数采用的是具有 10 个系数的 3 阶多项式，这个多项式的阶数是通过实验确定的，是在较低和较高阶数两种极端情况间的折中之选。当阶数过低时，在 $K_{11}(\Lambda, \nu)$ 值快速变化区域，其近似函数精度不够理

想；当阶数过高时，其值在所有网格点接近于逼近函数的值，但在网格点之间多项式近似函数值的变化剧烈，这与实际的函数近似过程完全不同。

当 $\varLambda = 12$ 时，系数 C_{11} 的多项式拟合曲线如图 2.10 所示。其中，点线、虚线和实线分别表示 2 阶、3 阶和 4 阶的多项式拟合曲线，识别参数 C_{11} 高阶多项式近似曲线的跳变是因为图 2.9 中所选取网格点的变化所致。

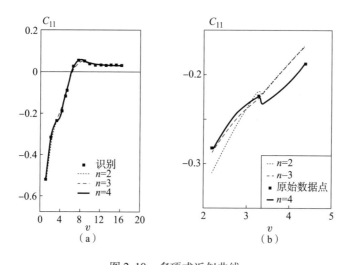

图 2.10　多项式近似曲线

（a）拟合曲线；（b）局部放大图

C_{11}，$\varLambda = 12$，动压轴承

双变量 x 和 y 的函数也可以用双傅里叶级数来近似，以三角函数多项式的形式表示为

$$
\begin{aligned}
f(x, y) = a_{00} + \sum_{k=1}^{n} &\left(a_{10}[k]\cos kx + a_{01}[k]\cos ky \right.\\
&\left. + b_{01}[k]\sin ky + c_{10}[k]\sin kx \right) \\
+ \sum_{k=1}^{n} \sum_{l=1}^{n} &\left(a_{11}[k, l] \right)\cos ky\cos lx + b_{11}[k, l]\cos ky\sin lx \\
&+ c_{11}[k, l]\sin ky\cos lx + d_{11}[k, l]\sin ky\cos lx)
\end{aligned}
\tag{2.44}
$$

其值在给定点 (x, y) 时与被近似函数的相应值相等。三角函数多项式 (2.44) 在 $-\pi \leqslant x \leqslant \pi$，$-\pi \leqslant y \leqslant \pi$ 区域中的 $(2n+1)^2$ 个假设点中，始终可以找到 $(2n+1)^2$ 个系数使其等于被近似函数的值，例如在点

$$x_i = i\lambda, \quad y_j = j\lambda$$

$$(i = -n, \ -n+1, \ \cdots, \ -1, \ 0, \ 1, \ \cdots, \ n-1, \ n;$$

$$j = -n, \ -n+1, \ \cdots, \ -1, \ 0, \ 1, \ \cdots, \ n-1, \ n)$$

其中，

$$\lambda = \frac{2\pi}{2n+1}$$

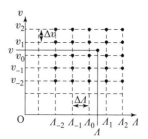

为近似角速度 Λ 和振动频率 ν 的刚度和阻尼系数函数，式 (2.44) 中多项式的 n 取 2。在图 2.11 所示三角函数多项式近似网格中，多项式中 25 个系数是由点 (Λ, ν) 附近的 25 个网格点上的近似函数值所确定的，即在坐标 (Λ, ν) 上被近似函数值由彼此平行的 Λ_{-2}，Λ_{-1}，Λ_0，Λ_1，Λ_2 和 ν_{-2}，ν_{-1}，ν_0，ν_1，ν_2 的交点构造。因此，三角函数多项式 (2.44) 可写成

图 2.11　三角多项式
近似的网格 $\nu - \Lambda$

$$\begin{aligned}
f(\Lambda_k, \nu_1) &= a_{00} + \sum_{i=1}^{2} (a_{10}[i]\cos(i\lambda_\nu(\nu_l - \nu_0)) \\
&\quad + a_{01}[i]\cos(i\lambda_\Lambda(\Lambda_k - \Lambda_0)) + b_{01}[i]\sin(i\lambda_\Lambda(\Lambda_k - \Lambda_0)) \\
&\quad + c_{10}[i]\sin(i\lambda_\nu(\nu_l - \nu_0))) \\
&\quad + \sum_{i=1}^{2}\sum_{j=1}^{2} (a_{11}[i, j]\cos(i\lambda_\Lambda(\Lambda_k - \Lambda_0))\cos(j\lambda_\nu(\nu_l - \nu_0)) \\
&\quad + b_{11}[i, j]\cos(i\lambda_\Lambda(\Lambda_k - \Lambda_0))\sin(j\lambda_\nu(\nu_l - \nu_0)) \\
&\quad + c_{11}[i, j]\sin(i\lambda_\Lambda(\Lambda_k - \Lambda_0))\cos(j\lambda_\nu(\nu_l - \nu_0)) \\
&\quad + d_{11}[i, j]\sin(i\lambda_\Lambda(\Lambda_k - \Lambda_0))\cos(j\lambda_\nu(\nu_l - \nu_0)))
\end{aligned} \tag{2.45}$$

其中，

$$\lambda_\nu = \frac{2\pi}{5\Delta\nu}, \quad \lambda_\Lambda = \frac{2\pi}{5\Delta\Lambda}$$

在计算出对应系数后，可以计算网格阴影区内任意 (Λ, ν) 的函数值：

$$
\begin{aligned}
f(\nu, \Lambda) = a_{00} &+ \sum_{i=1}^{2}\left\{ a_{10}[i]\cos\left(i\frac{2\pi}{5\Delta\nu}(\nu-\nu_0)\right) \right.\\
&+ a_{01}[i]\cos\left(i\frac{2\pi}{5\Delta\Lambda}(\Lambda-\Lambda_0)\right) + b_{01}[i]\sin\left(i\frac{2\pi}{5\Delta\Lambda}(\Lambda-\Lambda_0)\right) \\
&+ \left. c_{10}[i]\sin\left(i\frac{2\pi}{5\Delta\nu}(\nu-\nu_0)\right)\right\} \\
&+ \sum_{i=1}^{2}\sum_{j=1}^{2}\left\{ a_{11}[i,j]\cos\left(i\frac{2\pi}{5\Delta\Lambda}(\Lambda-\Lambda_0)\right)\cos\left(j\frac{2\pi}{5\Delta\nu}(\nu-\nu_0)\right)\right. \\
&+ b_{11}[i,j]\cos\left(i\frac{2\pi}{5\Delta\Lambda}(\Lambda-\Lambda_0)\right)\sin\left(j\frac{2\pi}{5\Delta\nu}(\nu-\nu_0)\right) \\
&+ c_{11}[i,j]\sin\left(i\frac{2\pi}{5\Delta\Lambda}(\Lambda-\Lambda_0)\right)\cos\left(j\frac{2\pi}{5\Delta\nu}(\nu-\nu_0)\right) \\
&+ \left. d_{11}[i,j]\sin\left(i\frac{2\pi}{5\Delta\Lambda}(\Lambda-\Lambda_0)\right)\cos\left(j\frac{2\pi}{5\Delta\nu}(\nu-\nu_0)\right)\right\} \quad (2.46)
\end{aligned}
$$

图 2.12 为当 $\Lambda = 12$ 时系数 $C_{11}(\Lambda, \nu)$ 的三角函数多项式近似

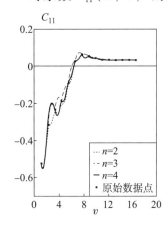

图 2.12　三角函数多项式近似曲线

C_{11}，$\Lambda = 12$，动压轴承

曲线。可见，$n=4$ 的实线三角函数多项式近似曲线在网格点上与系数 C_{11} 的值一致，但在网格点之间三角函数多项式近似函数值变化剧烈，与被近似函数的实际过程也不相同。

图 2.13 为静压轴承的阻尼和刚度系数范围，此时系统长度 $L=0.11$ m，半径 $R=0.055$ m，间隙 $c=30\times10^{-6}$，供压 $p_0^*=0.7$ MPa，且具有 16 个供气口 $r_0=0.15\times10^{-3}$ m。在轴承间隙中，空气黏度为 $\sigma=18.2\times10^{-6}$ kg/ms，大气压为 $p_a=0.1$ MPa。轴承轴颈上的静态载荷为 $F_z=450$ N，此时轴承的相对偏心率范围为 $\varepsilon=0.23$（角速度

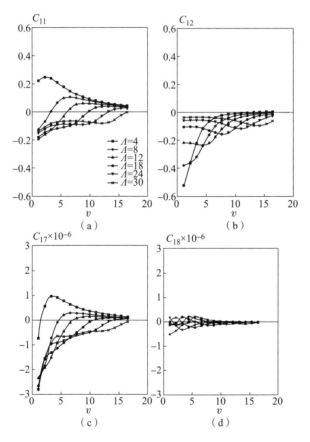

图 2.13　静压轴承的部分刚度和阻尼系数

（a）～（d）阻尼系数

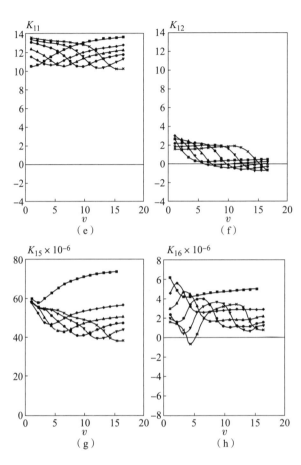

图 2.13　　静压轴承的部分刚度和阻尼系数（续）

（e）~（h）刚度系数

$\Lambda = 2$ 时）至 $\varepsilon = 0.14$（角速度 $\Lambda = 30$ 时），相对应力的作用方向与轴颈位移的方向（图 1.1）的夹角 θ_s 从 $\Lambda = 2$ 时的 11° 变为 $\Lambda = 30$ 时的 7°。

　　图 2.13 中给出了在 6 个不同无量纲角速度（$\Lambda = 4$，8，12，18，24，30）时，系数随无量纲振动频率（$1 \leqslant \nu \leqslant 16$）的变化趋势。

第 3 章

气体轴承 – 转子系统的数学模型

本章主要介绍两种气体轴承支承的刚性对称转子，如图 3.1 所示。在轴瓦和壳体间，安装有各向同性的线性弹簧 K_p 和黏滞阻尼 C_p。转子的外部静载荷（如转子的重量）作用于转子中间位置处。在笛卡尔三维坐标系 xyz 内，描述转子和轴瓦围绕其静态平衡位置的

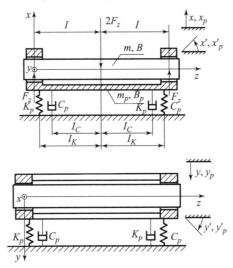

图 3.1   弹性支承轴瓦气体轴承 – 转子系统

运动方程，$2F_z$ 和 F_z 作用于 $x-z$ 平面。

3.1 对称系统的运动方程

根据第 2 章介绍的轴承气膜的弹性和阻尼特性，从静平衡位置考虑轴承对系统位移的动态响应，可以写为

$$
\begin{cases}
F_x^{(i)} = C_{11}^{(i)}\Delta\dot{x}_i + C_{12}^{(i)}\Delta\dot{y}_i + C_{13}^{(i)}\Delta\dot{x}_i\Delta x_i + C_{14}^{(i)}\Delta\dot{y}_i\Delta y_i + C_{15}^{(i)}\Delta\dot{x}_i^2 \\
\quad + C_{16}^{(i)}\Delta\dot{y}_i^2 + C_{17}^{(i)}\Delta x_i^2\Delta\dot{x}_i + C_{18}^{(i)}\Delta y_i^2\Delta\dot{y}_i + C_{19}^{(i)}\Delta\dot{x}_i\Delta y_i + C_{110}^{(i)}\Delta\dot{y}_i\Delta x_i \\
\quad + C_{111}^{(i)}\Delta\dot{x}_i\Delta y_i^2 + C_{112}^{(i)}\Delta\dot{y}_i\Delta x_i^2 + K_{11}^{(i)}\Delta x_i + K_{12}^{(i)}\Delta y_i + K_{13}^{(i)}\Delta x_i^2 + K_{14}^{(i)}\Delta y_i^2 \\
\quad + K_{15}^{(i)}\Delta x_i^3 + K_{16}^{(i)}\Delta y_i^3 + K_{17}^{(i)}\Delta x_i\Delta y_i + K_{18}^{(i)}\Delta x_i^2\Delta y_i + K_{19}^{(i)}\Delta y_i^2\Delta x_i \\[4pt]
F_y^{(i)} = C_{21}^{(i)}\Delta\dot{x}_i + C_{22}^{(i)}\Delta\dot{y}_i + C_{23}^{(i)}\Delta\dot{x}_i\Delta x_i + C_{24}^{(i)}\Delta\dot{y}_i\Delta y_i + C_{25}^{(i)}\Delta x_i^2 \\
\quad + C_{26}^{(i)}\Delta\dot{y}_i^2 + C_{27}^{(i)}\Delta x_i^2\Delta\dot{x}_i + C_{28}^{(i)}\Delta y_i^2\Delta\dot{y}_i + C_{29}^{(i)}\Delta\dot{x}_i\Delta y_i + C_{210}^{(i)}\Delta\dot{y}_i\Delta x_i \\
\quad + C_{211}^{(i)}\Delta\dot{x}_i\Delta y_i^2 + C_{212}^{(i)}\Delta\dot{y}_i\Delta x_i^2 + K_{21}^{(i)}\Delta x_i + K_{22}^{(i)}\Delta y_i + K_{23}^{(i)}\Delta x_i^2 + K_{24}^{(i)}\Delta y_i^2 \\
\quad + K_{25}^{(i)}\Delta x_i^3 + K_{26}^{(i)}\Delta y_i^3 + K_{27}^{(i)}\Delta x_i\Delta y_i + K_{28}^{(i)}\Delta x_i^2\Delta y_i + K_{29}^{(i)}\Delta y_i^2\Delta x_i
\end{cases}
$$

$$(3.1)$$

式中，i 为轴承编号，1 表示左侧轴承，2 表示右侧轴承。

轴瓦支承力的动态响应：

$$
F_{Cx}^{(i)} = C_{p11}^{(i)}\dot{x}_{Ci}, \quad F_{Cy}^{(i)} = C_{p22}^{(i)}\dot{y}_{Ci}, \quad F_{Kx}^{(i)} = K_{p11}^{(i)}x_{Ki}, \quad F_{Ky}^{(i)} = K_{p22}^{(i)}y_{Ki} \quad (3.2)
$$

轴承－转子系统的自由振动方程，描述了惯性力以及作用在转子和轴瓦上的轴承和轴瓦支承结构的反作用力之间的平衡。假设在 x 和 y 轴方向上作用力的平衡方程：

$$
\begin{cases}
m\ddot{x} + F_x^{(1)} + F_x^{(2)} = 0 \\
m\ddot{y} + F_y^{(1)} + F_y^{(2)} = 0 \\
m_p\ddot{x}_p - F_x^{(1)} - F_x^{(2)} + F_{Kx}^{(1)} + F_{Cx}^{(1)} + F_{Kx}^{(2)} + F_{Cx}^{(2)} = 0 \\
m_p\ddot{y}_p - F_y^{(1)} - F_y^{(2)} + F_{Ky}^{(1)} + F_{Cy}^{(1)} + F_{Ky}^{(2)} + F_{Cy}^{(2)} = 0
\end{cases}
$$

$$(3.3)$$

以及在 $x-z$ 和 $y-z$ 平面中关于转子和轴瓦质心的力矩平衡方程

$$
\begin{cases}
B\ddot{x}' + B_0\omega\dot{y}' - F_x^{(1)}l_1 + F_x^{(2)}l_2 = 0 \\
B\ddot{y}' - B_0\omega\dot{x}' - F_y^{(1)}l_1 + F_y^{(2)}l_2 = 0 \\
B_p\ddot{x}_p' + F_x^{(1)}l_{p1} - F_x^{(2)}l_{p2} - F_{Cx}^{(1)}l_{C1} - F_{Kx}^{(1)}l_{K1} + F_{Cx}^{(2)}l_{C2} + F_{K2}^{(2)}l_{K2} = 0 \\
B_p\ddot{y}_p' + F_y^{(1)}l_{p1} - F_y^{(2)}l_{p2} - F_{Cy}^{(1)}l_{C1} - F_{Ky}^{(1)}l_{K1} + F_{Cy}^{(2)}l_{C2} + F_{K2}^{(2)}l_{K2} = 0
\end{cases}
\tag{3.4}
$$

式（3.4）中的 $B_0\omega$ 项代表陀螺力矩，其中假设转子与其静态平衡位置的角度偏差很小。由式（3.1）和式（3.2），在静态平衡位置附近线性化的运动方程（3.3）和（3.4）可写成如下的形式：

$$
\begin{cases}
m\ddot{x} + C_{11}^{(1)}\Delta\dot{x}_1 + C_{12}^{(1)}\Delta\dot{y}_1 + K_{11}^{(1)}\Delta x_1 + K_{12}^{(1)}\Delta y_1 + C_{11}^{(2)}\Delta\dot{x}_2 + C_{12}^{(2)}\Delta\dot{y}_2 \\
\quad + K_{11}^{(2)}\Delta x_2 + K_{12}^{(2)}\Delta y_2 = 0 \\
m\ddot{y} + C_{21}^{(1)}\Delta\dot{x}_1 + C_{22}^{(1)}\Delta\dot{y}_1 + K_{21}^{(1)}\Delta x_1 + K_{22}^{(1)}\Delta y_1 + C_{21}^{(2)}\Delta\dot{x}_2 + C_{22}^{(2)}\Delta\dot{y}_2 \\
\quad + K_{21}^{(2)}\Delta x_2 + K_{22}^{(2)}\Delta y_2 = 0 \\
m_p\ddot{x}_p - C_{11}^{(1)}\Delta\dot{x}_1 - C_{12}^{(1)}\Delta\dot{y}_1 - K_{11}^{(1)}\Delta x_1 - K_{12}^{(1)}\Delta y_1 - C_{11}^{(2)}\Delta\dot{x}_2 - C_{12}^{(2)}\Delta\dot{y}_2 \\
\quad - K_{11}^{(2)}\Delta x_2 - K_{12}^{(2)}\Delta y_2 + C_{p11}^{(1)}\dot{x}_{C1} + K_{p11}^{(1)}x_{K1} + C_{p11}^{(2)}\dot{x}_{C2} + K_{p11}^{(2)}x_{K2} = 0 \\
m_p\ddot{y}_p - C_{21}^{(1)}\Delta\dot{x}_1 - C_{22}^{(1)}\Delta\dot{y}_1 - K_{21}^{(1)}\Delta x_1 - K_{22}^{(1)}\Delta y_1 - C_{21}^{(2)}\Delta\dot{x}_2 - C_{22}^{(2)}\Delta\dot{y}_2 \\
\quad - K_{21}^{(2)}\Delta_2 - K_{22}^{(2)}\Delta y_2 + C_{p22}^{(1)}\dot{y}_{C1} + K_{p22}^{(1)}y_{K1} + C_{p22}^{(2)}\dot{y}_{C2} + K_{p22}^{(2)}y_{K2} = 0
\end{cases}
\tag{3.5a}
$$

$$
\begin{cases}
B\ddot{x}' + B_0\omega\dot{y}' - l_1\left(C_{11}^{(1)}\Delta\dot{x}_1 + C_{12}^{(1)}\Delta\dot{y}_1 + K_{11}^{(1)}\Delta x_1 + K_{12}^{(1)}\Delta y_1\right) \\
\quad + l_2\left(C_{11}^{(2)}\Delta\dot{x}_2 + C_{12}^{(2)}\Delta\dot{y}_2 + K_{11}^{(2)}\Delta x_2 + K_{12}^{(2)}\Delta y_2\right) = 0 \\
B\ddot{y}' + B_0\omega\dot{x}' - l_1\left(C_{21}^{(1)}\Delta\dot{x}_1 + C_{22}^{(1)}\Delta\dot{y}_1 + K_{21}^{(1)}\Delta x_1 + K_{22}^{(1)}\Delta y_1\right) \\
\quad + l_2\left(C_{21}^{(2)}\Delta\dot{x}_2 + C_{22}^{(2)}\Delta\dot{y}_2 + K_{21}^{(2)}\Delta x_2 + K_{22}^{(2)}\Delta y_2\right) = 0 \\
B_p\ddot{x}_p' + l_{p1}\left(C_{11}^{(1)}\Delta\dot{x}_1 + C_{12}^{(1)}\Delta\dot{y}_1 + K_{11}^{(1)}\Delta x_1 + K_{12}^{(1)}\Delta y_1\right) \\
\quad - l_{p2}\left(C_{11}^{(2)}\Delta\dot{x}_2 + C_{12}^{(2)}\Delta\dot{y}_2 + K_{11}^{(2)}\Delta x_2 + K_{12}^{(2)}\Delta y_2\right) - l_{C1}C_{p11}^{(1)}\dot{x}_{C1} \\
\quad - l_{K1}K_{p11}^{(1)}x_{K1} + l_{C2}C_{p11}^{(2)}\dot{x}_{C2} + l_{K2}K_{p11}^{(2)}x_{K2} = 0 \\
B_p\ddot{y}_p' + l_{p1}\left(C_{21}^{(1)}\Delta\dot{x}_1 + C_{22}^{(1)}\Delta\dot{y}_1 + K_{21}^{(1)}\Delta x_1 + K_{22}^{(1)}\Delta y_1\right) \\
\quad - l_{p2}\left(C_{21}^{(2)}\Delta\dot{x}_2 + C_{22}^{(2)}\Delta\dot{y}_2 + K_{21}^{(2)}\Delta x_2 + K_{22}^{(2)}\Delta y_2\right) - l_{C1}C_{p22}^{(1)}\dot{y}_{C1} \\
\quad - l_{K1}K_{p22}^{(1)}y_{K1} + l_{C2}C_{p22}^{(2)}\dot{y}_{C2} + l_{K2}K_{p22}^{(2)}y_{K2} = 0
\end{cases}
\tag{3.5b}
$$

对于两侧支承轴承相同、轴承载荷对称的转子：

$$
\begin{cases}
l_1 = l_2 = l, \ l_{p1} = l_{p2} = l, \ l_{C1} = l_{C2} = l_C, \ l_{K1} = l_{K2} = l_K \\
C_{ij}^{(1)} = C_{ij}^{(2)} = C_{ij}, \quad K_{ij}^{(1)} = K_{ij}^{(2)} = K_{ij} \\
C_{pii}^{(1)} = C_{pii}^{(2)} = C_{pii}, \quad K_{pii}^{(1)} = K_{pii}^{(2)} = K_{pii}
\end{cases}
\tag{3.6}
$$

因此

$$
\begin{cases}
\Delta x_1 = (x - x_p) - l(x' - x_p'), \quad \Delta y_1 = (y - y_p) - l(y' - y_p') \\
\Delta x_2 = (x - x_p) - l(x' - x_p'), \quad \Delta y_2 = (y - y_p) - l(y' - y_p')
\end{cases}
\tag{3.7}
$$

$$
\begin{cases}
x_{C1} = x_p - l_C x_p', \ y_{C1} = y_p - l_C y_p', \ x_{C2} = x_p + l_C x_p', \ y_{C2} = y_p + l_C y_p' \\
x_{K1} = x_p - l_K x_p, \ y_{K1} = y_p - l_K y_p', \ x_{K2} = x_p + l_K x_p', \ y_{K2} = y_p + l_K y_p'
\end{cases}
\tag{3.8}
$$

当转子相对于其旋转轴的惯性力矩很小，以至于可以忽略陀螺力矩时，由作用在转子和轴瓦的力平衡方程和力矩平衡方程，可得线性化运动方程：

$$
\begin{cases}
\dfrac{1}{2} m \ddot{x} + C_{11}(\dot{x} - \dot{x}_p) + C_{12}(\dot{y} - \dot{y}_p) + K_{11}(x - x_p) + K_{12}(y - y_p) \\
\quad = 0 \\[4pt]
\dfrac{1}{2} m \ddot{y} + C_{21}(\dot{x} - \dot{x}_p) + C_{22}(\dot{y} - \dot{y}_p) + K_{21}(x - x_p) + K_{22}(y - y_p) \\
\quad = 0 \\[4pt]
\dfrac{1}{2} m_p \ddot{x}_p - C_{11}(\dot{x} - \dot{x}_p) - C_{12}(\dot{y} - \dot{y}_p) - K_{11}(x - x_p) - K_{12}(y - y_p) \\
\quad + C_p \dot{x}_p + K_p x_p = 0 \\[4pt]
\dfrac{1}{2} m_p \ddot{y}_p - C_{21}(\dot{x} - \dot{x}_p) - C_{22}(\dot{y} - \dot{y}_p) - K_{21}(x - x_p) - K_{22}(y - y_p) \\
\quad + C_p \dot{y}_p + K_p y_p = 0
\end{cases}
\tag{3.9}
$$

$$\begin{cases} \dfrac{1}{2}B\ddot{x}' + l(C_{11}l(\dot{x}' - \dot{x}'_p) + C_{12}l(\dot{y}' - \dot{y}'_p) + K_{11}l(x' - x'_p) \\ \quad + K_{12}l(y' - y'_p)) = 0 \\[4pt] \dfrac{1}{2}B\ddot{y}' + l(C_{21}(\dot{x}' - \dot{x}'_p) + C_{22}l(\dot{y}' - \dot{y}'_p) + K_{21}l(x' - x'_p) \\ \quad + K_{22}l(y' - y'_p)) = 0 \\[4pt] \dfrac{1}{2}B_p\ddot{x}'_p - l(C_{11}(\dot{x}' - \dot{x}'_p) + C_{12}l(\dot{y}' - \dot{y}'_p) + K_{11}l(x' - x'_p) \\ \quad + K_{12}l(y' - y'_p)) + l_C^2 C_p \dot{x}'_p + l_K^2 K_p x'_p = 0 \\[4pt] \dfrac{1}{2}B_p\ddot{y}'_p - l(C_{21}l(\dot{x}' - \dot{x}'_p) + C_{22}l(\dot{y}' - \dot{y}'_p) + K_{21}l(x' - x'_p) \\ \quad + K_{22}l(y' - y'_p)) + l_C^2 C_p \dot{x}'_p + l_K^2 K_p x'_p = 0 \end{cases} \tag{3.10}$$

当仅考虑静态平衡位置的稳定性而不考虑不稳定区域的转子行为时，可以忽略气膜的非线性特性。线性化方程（3.9）在给定所需的几何和质量参数后，就可以确定气体轴承－转子系统的稳定边界。基于这些分析，可以将这些方程简化为无量纲形式以推广其应用。

在数值求解雷诺方程之后，可将轴承的动态参数（载荷力、刚度和阻尼系数）应用到具有相同长径比（$L/2R$）和 $\varLambda$（对静压轴承的相似数 $\varLambda_0$）的轴承[36]。转子和轴瓦支承的尺寸、质量和惯性力矩等的数值与相关轴承特征参数数值之比是无量纲数，采用这些无量纲数，可以使我们在获取轴承转子系统的计算结果后，将其应用到相同无量纲数的系统中去。无量纲数由前文介绍过的有量纲量的参量方程获得，其关系如下：

- 线性刚度和阻尼系数

$$\underline{C}_{ij}[\,\mathrm{Ns/m}\,] = \frac{2\varLambda p_a R_1^2}{\omega c_1} C_{ij}, \quad \underline{K}_{ij}[\,\mathrm{N/m}\,] = \frac{p_a R_1^2}{c_1} K_{ij} \tag{3.11}$$

- 质量和惯性力矩

$$\underline{m}[\,\mathrm{kg}\,] = \frac{4\Lambda^2 p_a R_1^2}{\omega^2 c_1} m, \quad \underline{B}[\,\mathrm{kg\cdot m^2}\,] = \frac{4\Lambda^2 p_a R_1^4}{\omega^2 c_1} B \tag{3.12}$$

- 角速度、频率和时间

$$\omega[\,\mathrm{rad/s}\,] = \frac{p_a c_1^2}{6\sigma R_1^2}\Lambda, \quad \underline{\nu}[\,\mathrm{rad/s}\,] = \frac{\omega}{2\Lambda}\nu, \quad t[\,\mathrm{s}\,] = \frac{2\Lambda}{\omega}\tau \tag{3.13}$$

- 位移、速度和（线性和角度）加速度

$$\begin{cases} \underline{x}[\,\mathrm{m}\,] = c_1 x, \quad \underline{\dot{x}}[\,\mathrm{m/s}\,] = \frac{\omega c_1}{2\Lambda}\dot{x}, \quad \underline{\ddot{x}}[\,\mathrm{m/s^2}\,] = \frac{\omega^2 c_1}{4\Lambda^2}\ddot{x} \\[2mm] \underline{x}'[\,\mathrm{rad}\,] = \frac{c_1}{R_1}x', \quad \underline{\dot{x}}'[\,\mathrm{rad/s}\,] = \frac{\omega c_1}{2\Lambda R_1}\dot{x}', \quad \underline{\ddot{x}}'[\,\mathrm{rad/s^2}\,] = \frac{\omega^2 c_1}{4\Lambda^2 R_1}\ddot{x}' \end{cases}$$

$$\tag{3.14}$$

- 线性尺寸（长度）

$$\underline{l}[\,\mathrm{m}\,] = R_1 l \tag{3.15}$$

- 供气压强

$$\underline{p_0}[\,\mathrm{Pa}\,] = p_a p_0 \tag{3.16}$$

在有量纲和无量纲数的比例因子中，轴承参数仅与 p_a，ω，c_1，R_1 和 σ 有关。

3.2 简 化 系 统

由于系统是对称的，因此描述圆柱涡动的自由振动方程式（3.9）与描述圆锥涡动的自由振动方程式（3.10）之间没有任何联系，见图 3.2。因此，我们不需考虑方程组（3.9）和（3.10）所描述的 8 自由度的系统，而只需考虑 4 自由度的"简化系统"，如图 3.3 所示。简化系统的线性运动方程：

$$\dot{u} = f_u(u) + f_{uu}(u, u) + f_{uuu}(u, u, u) \tag{3.17}$$

其中，

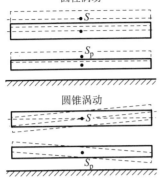

圆柱涡动

S

S_p

圆锥涡动

S

S_p

图 3.2　涡动形式

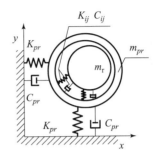

图 3.3　简化系统

51

$$u = \begin{Bmatrix} u_1 \\ u_2 \\ u_3 \\ u_4 \\ u_5 \\ u_6 \\ u_7 \\ u_8 \end{Bmatrix}, \quad f_u = \begin{Bmatrix} u_2 \\ \dfrac{-2}{m_r}\left[C_{11}(u_2 - u_6) + C_{12}(u_4 - u_8) + K_{11}(u_1 - u_5) + K_{12}(u_3 - u_7) \right] \\ u_4 \\ \dfrac{-2}{m_r}\left[C_{21}(u_2 - u_6) + C_{22}(u_4 - u_8) + K_{21}(u_1 - u_5) + K_{22}(u_3 - u_7) \right] \\ u_6 \\ \dfrac{-2}{m_{pr}}\left[-C_{11}(u_2 - u_6) - C_{12}(u_4 - u_8) - K_{11}(u_1 - u_5) - K_{12}(u_3 - u_7) + C_{pr11}u_6 + K_{pr11}u_5 \right] \\ u_8 \\ \dfrac{-2}{m_{pr}}\left[-C_{21}(u_2 - u_6) - C_{22}(u_4 - u_8) - K_{21}(u_1 - u_5) - K_{22}(u_3 - u_7) + C_{pr22}u_8 + K_{pr22}u_7 \right] \end{Bmatrix}$$

$$
f_{uu} = \left\{
\begin{array}{c}
0 \\[4pt]
\dfrac{-2}{m_r}\big[\, C_{13}(u_1 - u_5)(u_2 - u_6) + C_{14}(u_3 - u_7)(u_4 - u_8) \\[4pt]
+ C_{15}(u_2 - u_6)^2 + C_{16}(u_4 - u_8)^2 + C_{19}(u_2 - u_6)(u_3 - u_7) \\[4pt]
+ C_{110}(u_4 - u_8)(u_1 - u_5) + K_{13}(u_1 - u_5)^2 + K_{14}(u_3 - u_7)^2 \\[4pt]
+ K_{17}(u_1 - u_5)(u_3 - u_7)\,\big] \\[4pt]
0 \\[4pt]
\dfrac{-2}{m_r}\big[\, C_{23}(u_1 - u_5)(u_2 - u_6) + C_{24}(u_3 - u_7)(u_4 - u_8) \\[4pt]
+ C_{25}(u_2 - u_6)^2 + C_{26}(u_4 - u_8)^2 + C_{29}(u_2 - u_6)(u_3 - u_7) \\[4pt]
+ C_{210}(u_4 - u_8)(u_1 - u_5) + K_{23}(u_1 - u_5)^2 + K_{24}(u_3 - u_7)^2 \\[4pt]
+ K_{27}(u_1 - u_5)(u_3 - u_7)\,\big] \\[4pt]
0 \\[4pt]
\dfrac{-2}{m_{pr}}\big[\, -C_{13}(u_1 - u_5)(u_2 - u_6) - C_{14}(u_3 - u_7)(u_4 - u_8) \\[4pt]
- C_{15}(u_2 - u_6)^2 - C_{16}(u_4 - u_8)^2 - C_{19}(u_2 - u_6)(u_3 - u_7) \\[4pt]
- C_{110}(u_4 - u_8)(u_1 - u_5) - K_{13}(u_1 - u_5)^2 - K_{14}(u_3 - u_7)^2 \\[4pt]
- K_{17}(u_1 - u_5)(u_3 - u_7)\,\big] \\[4pt]
0 \\[4pt]
\dfrac{-2}{m_{pr}}\big[\, -C_{23}(u_1 - u_5)(u_2 - u_6) - C_{24}(u_3 - u_7)(u_4 - u_8) \\[4pt]
- C_{25}(u_2 - u_6)^2 - C_{26}(u_4 - u_8)^2 - C_{29}(u_2 - u_6)(u_3 - u_7) \\[4pt]
- C_{210}(u_4 - u_8)(u_1 - u_5) - K_{23}(u_1 - u_5)^2 - K_{24}(u_3 - u_7)^2 \\[4pt]
- K_{27}(u_1 - u_5)(u_3 - u_7)\,\big]
\end{array}
\right\}
$$

$$
f_{uuu} = \left\{
\begin{array}{c}
0 \\[4pt]
\begin{aligned}
\dfrac{-2}{m_r} \big[& C_{17}(u_1-u_5)^2(u_2-u_6) + C_{18}(u_3-u_7)^2(u_4-u_8) \\
& + C_{111}(u_2-u_6)(u_3-u_7)^2 + C_{112}(u_4-u_8)(u_1-u_5)^2 \\
& + K_{15}(u_1-u_5)^3 + K_{16}(u_3-u_7)^3 + K_{18}(u_1-u_5)^2(u_3-u_7) \\
& + K_{19}(u_3-u_7)^2(u_1-u_5) \big]
\end{aligned} \\[4pt]
0 \\[4pt]
\begin{aligned}
\dfrac{-2}{m_r} \big[& C_{27}(u_1-u_5)^2(u_2-u_6) + C_{28}(u_3-u_7)^2(u_4-u_8) \\
& + C_{211}(u_2-u_6)(u_3-u_7)^2 + C_{212}(u_4-u_8)(u_1-u_5)^2 \\
& + K_{25}(u_1-u_5)^3 + K_{26}(u_3-u_7)^3 + K_{28}(u_1-u_5)^2(u_3-u_7) \\
& + K_{29}(u_3-u_7)^2(u_1-u_5) \big]
\end{aligned} \\[4pt]
0 \\[4pt]
\begin{aligned}
\dfrac{-2}{m_{pr}} \big[& - C_{17}(u_1-u_5)^2(u_2-u_6) - C_{18}(u_3-u_7)^2(u_4-u_8) \\
& - C_{111}(u_2-u_6)(u_3-u_7)^2 - C_{112}(u_4-u_8)(u_1-u_5)^2 \\
& - K_{15}(u_1-u_5)^3 - K_{16}(u_3-u_7)^3 - K_{18}(u_1-u_5)^2(u_3-u_7) \\
& - K_{19}(u_3-u_7)^2(u_1-u_5) \big]
\end{aligned} \\[4pt]
0 \\[4pt]
\begin{aligned}
\dfrac{-2}{m_{pr}} \big[& - C_{27}(u_1-u_5)^2(u_2-u_6) - C_{28}(u_3-u_7)^2(u_4-u_8) \\
& - C_{211}(u_2-u_6)(u_3-u_7)^2 - C_{212}(u_4-u_8)(u_1-u_5)^2 \\
& - K_{25}(u_1-u_5)^3 - K_{26}(u_3-u_7)^3 - K_{28}(u_1-u_5)^2(u_3-u_7) \\
& - K_{29}(u_3-u_7)^2(u_1-u_5) \big]
\end{aligned}
\end{array}
\right\}
$$

对于圆柱涡动，转子参数与简化系统参数之间的关系：

$$\begin{cases} u_1 = x, \ u_2 = \dot{x}, \ u_3 = y, \ u_4 = \dot{y}, \ u_5 = x_p, \ u_6 = \dot{x}_p, \\ u_7 = y_p, \ u_8 = \dot{y}_p \\ m_r = \dfrac{m}{2}, \ m_{pr} = \dfrac{m_p}{2}, \ C_{pr} = C_p, \ K_{pr} = K_p \end{cases} \tag{3.18}$$

对于圆锥涡动，转子参数与简化系统参数之间的关系：

$$\begin{cases} u_1 = lx', \ u_2 = l\dot{x}', \ u_3 = ly', \ u_4 = l\dot{y}', \ u_5 = lx_p', \ u_6 = l\dot{x}_p', \\ u_7 = ly_p', \ u_8 = ly_{p'}' \\ m_r = \dfrac{B}{2l^2}, \ m_{pr} = \dfrac{B_p}{2l^2}, \ C_{pr} = C_p \dfrac{l_C^2}{l^2}, \ K_{pr} = K_p \dfrac{l_K^2}{l^2} \end{cases} \tag{3.19}$$

需要注意的是，有量纲参数也满足相同的关系。8 个自由度的系统的稳定性可以从两个简化系统的研究中分别获得，其中参数 m_r，m_{pr}，K_{pr} 和 C_{pr} 由方程（3.18）和方程（3.19）给出。

3.3 特征值的计算方法

下面针对式（3.17）的线性化方程组，给出求解对应矩阵特征值和特征向量的方法。假设该方程组的解：

$$\boldsymbol{u} = \boldsymbol{q} \mathrm{e}^{\lambda t} \tag{3.20}$$

将式（3.20）代入式（3.17）得特征方程：

$$\boldsymbol{A} - \lambda \boldsymbol{I} \boldsymbol{q} = 0 \tag{3.21}$$

式中，$\boldsymbol{I}$ 为单位矩阵。该方程的根是矩阵 $\boldsymbol{A}$ 的特征值，计算特征值的实质在于确定气膜的刚度和阻尼系数随转子自由振动频率的变化规律，而这一频率就是未知特征值的虚部。我们可以通过迭代方法来计算特征值。

当给定载荷力 $\boldsymbol{F}_z$ 和转速 ω 时，特征值 $\lambda = \eta + \mathrm{j}\nu$ 的计算过程如下：

（1）假设自由振动的频率 ν_z。

（2）计算（ω，ν_z）时气膜的刚度和阻尼系数，将这些系数代

入矩阵 A，从而得到 A_z。

（3）计算 A_z 的特征值 λ_z。

（4）如果 A_z 的其中一个特征值 λ_z 的虚部等于假定的振动频率，那么 λ_z 就是矩阵 A 所求的特征值之一。

（5）如果所有特征值的虚部都不等于假定的振动频率，则修改 ν_z 的值并返回步骤（2）重复该过程，直到确定所需的特征值。

在计算矩阵 A 的特征值和特征向量时，可采用文献[56]中的标准迭代过程。

3.4　非对称系统的运动方程

接下来介绍由两个气体轴承支承的刚性非对称转子。在两个轴承的轴瓦和底座间，安装有各向同性的线性弹簧 K_p 和黏滞阻尼 C_p。F_z 是转子的外部静态载荷力（如转子所受重力），而 F_{z1} 和 F_{z2} 是轴承对 F_z 的静态反作用力。我们可以考虑两种情况，即：

（1）转子质量分布不对称，静态载荷力作用在质心上，如图 3.4 所示。

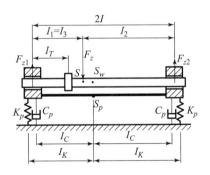

图 3.4　柔性安装轴瓦的气体轴承

支承非对称转子

（2）转子对称，静态载荷力不作用在质心上，如图3.5所示。

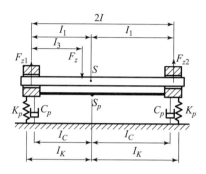

图 3.5　柔性安装轴瓦的气体

轴承支承均质轴

如果忽略转子相对其旋转轴的惯性力矩，则转子和轴瓦的线性运动方程可写为

$$
\begin{cases}
n\ddot{x} + C_{11}^{(1)}\Delta\dot{x}_1 + C_{12}^{(1)}\Delta\dot{y}_1 + K_{11}^{(1)}\Delta x_1 + K_{12}^{(1)}\Delta y_1 + C_{11}^{(2)}\Delta\dot{x}_2 \\
\quad + C_{12}^{(2)}\Delta\dot{y}_2 + K_{11}^{(2)}\Delta x_2 + K_{12}^{(2)}\Delta y_2 = 0 \\
n\ddot{y} + C_{21}^{(1)}\Delta\dot{x}_1 + C_{22}^{(1)}\Delta\dot{y}_1 + K_{21}^{(1)}\Delta x_1 + K_{22}^{(1)}\Delta y_1 + C_{21}^{(2)}\Delta\dot{x}_2 \\
\quad + C_{22}^{(2)}\Delta\dot{y}_2 + K_{21}^{(2)}\Delta x_2 + K_{22}^{(2)}\Delta y_2 = 0 \\
m_p\ddot{x}_p - C_{11}^{(1)}\Delta\dot{x}_1 - C_{12}^{(1)}\Delta\dot{y}_1 - K_{11}^{(1)}\Delta x_1 - K_{12}^{(1)}\Delta y_1 - C_{11}^{(2)}\Delta\dot{x}_2 \\
\quad - C_{12}^{(2)}\Delta\dot{y}_2 - K_{11}^{(2)}\Delta x_2 - K_{12}^{(2)}\Delta y_2 + C_p\dot{x}_{C1} + K_p x_{K1} + C_p\dot{x}_{C2} \\
\quad + K_p x_{K2} = 0 \\
m_p\ddot{y}_p - C_{21}^{(1)}\Delta\dot{x}_1 - C_{22}^{(1)}\Delta\dot{y}_1 - K_{21}^{(1)}\Delta x_1 - K_{22}^{(1)}\Delta y_1 - C_{21}^{(2)}\Delta\dot{x}_2 \\
\quad - C_{22}^{(2)}\Delta\dot{y}_2 - K_{21}^{(2)}\Delta x_2 - K_{22}^{(2)}\Delta y_2 + C_p\dot{y}_{C1} + K_p x_{K1} + C_p\dot{y}_{C2} \\
\quad + K_p y_{K2} = 0
\end{cases} \tag{3.22a}
$$

$$\begin{cases} B\ddot{x}' + B_0\omega\dot{y}' - l_1(C_{11}^{(1)}\Delta\dot{x}_1 + C_{12}^{(1)}\Delta\dot{y}_1 + K_{11}^{(1)}\Delta x_1 + K_{12}^{(1)}\Delta y_1) \\ \quad + l_2(C_{11}^{(2)}\Delta\dot{x}_2 + C_{12}^{(2)}\Delta\dot{y}_2 + K_{11}^{(2)}\Delta x_2 + K_{12}^{(2)}\Delta y_2) = 0 \\[4pt] B\ddot{y}' - B_0\omega\dot{x}' - l_1(C_{21}^{(1)}\Delta\dot{x}_1 + C_{22}^{(1)}\Delta\dot{y}_1 + K_{21}^{(1)}\Delta x_1 + K_{22}^{(1)}\Delta y_1) \\ \quad + l_2(C_{21}^{(2)}\Delta\dot{x}_2 + C_{22}^{(2)}\Delta\dot{y}_2 + K_{21}^{(2)}\Delta x_2 + K_{22}^{(2)}\Delta y_2) = 0 \\[4pt] B_p\ddot{x}_p' + l(C_{11}^{(1)}\Delta\dot{x}_1 + C_{12}^{(1)}\Delta\dot{y}_1 + K_{11}^{(1)}\Delta x_1 + K_{12}^{(1)}\Delta y_1) \\ \quad - l(C_{11}^{(2)}\Delta\dot{x}_2 + C_{12}^{(2)}\Delta\dot{y}_2 + K_{11}^{(2)}\Delta x_2 + K_{12}^{(2)}\Delta y_2) - l_C C_p\dot{x}_{C1} \\ \quad - l_K K_p x_{K1} + l_C C_p\dot{x}_{C2} + l_K K_p x_{K2} = 0 \\[4pt] B_p\ddot{y}_p' + l(C_{21}^{(1)}\Delta\dot{x}_1 + C_{22}^{(1)}\Delta\dot{y}_1 + K_{21}^{(1)}\Delta x_1 + K_{22}^{(1)}\Delta y_1) \\ \quad - l(C_{21}^{(2)}\Delta\dot{x}_2 + C_{22}^{(2)}\Delta\dot{y}_2 + K_{21}^{(2)}\Delta x_2 + K_{22}^{(2)}\Delta y_2) - l_C C_p\dot{y}_{C1} \\ \quad - l_K K_p y_{K1} + l_C C_p\dot{y}_{C2} + l_K K_p y_{K2} = 0 \end{cases} \tag{3.22b}$$

其中，

$$\begin{cases} \Delta x_1 = (x - l_1 x') - (x_p - l_{p1}x_p'), \ \Delta y_1 = (y - l_1 y') - (y_p - l_{p1}y_p') \\ \Delta x_2 = (x + l_2 x') - (x_p + l_{p2}x_p'), \ \Delta y_2 = (y + l_2 y') - (y_p + l_{p2}y_p') \end{cases}$$
$$\tag{3.23}$$

$$\begin{cases} x_{C1} = x_p - l_C x_p', \ y_{C1} = y_p - l_C y_p', \ x_{C2} = x_p + l_C x_p', \ y_{C2} = y_p + l_C y_p' \\ x_{K1} = x_p - l_K x_p', \ y_{K1} = y_p - l_K y_p', \ x_{K2} = x_p + l_K x_p', \ y_{K2} = y_p + l_K y_p' \end{cases}$$
$$\tag{3.24}$$

第二部分　应　用

第 **4** 章

气 体 轴 承

本章气体轴承的参数为：

- 长度 $L = 0.11$ m；

- 半径 $R_1 = 0.055$ m；

- 径向间隙 $c_1 = 30$ μm；

- 气体黏度 $\sigma = 18.2 \times 10^{-6}$ Pa·s（空气）

根据第 3 章中的公式，这些轴承参数可用于计算转子和轴瓦的无量纲参数，同时也是确定刚度和阻尼系数。以及有量纲和无量纲载荷力之间关系的基础。

本章包含静压轴承和动压轴承。静压轴承的供气系统如图 4.1 所示，由 16 个供气孔组成，两排供气孔分别位于轴承长度的 1/4 和 3/4 处。供气孔的半径为 $r_{01} = 0.15$ mm，供气压力为 $p_0^* = 0.7$ MPa（无量纲供气压力为 $p_0 = p_0^*/p_a = 7$）。

带有腔室的供气系统如图 4.2 所示，来自压缩机的空气（压力为 p_0）通过半径为 $r_d = 0.15 \times 10^{-3}$ m 的孔口进入体积为 $V = \pi \times r_{01}^2 \times h_{k1}$ 的腔室，空气从这些腔室通过半径为 $r_{01} = 1.0 \times 10^{-3}$ m 的供气孔进入轴承间隙。

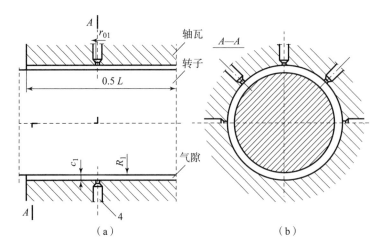

图 4.1 带有直接供气系统的气体轴承

（a）结构简图；（b）剖视图

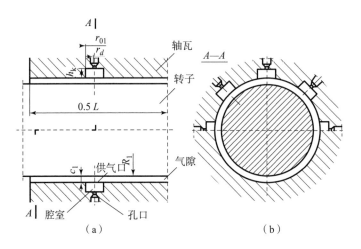

图 4.2 带有腔室供气系统的静压气体轴承

（a）结构简图；（b）剖视图

4.1 气体轴承的静态特性

图 4.3 中包含动压轴承、带有直接供气系统的静压轴承，以及带腔室供气系统静压轴承的静态特性参数，包括偏心率 ϵ 以及偏位角 θ_s（$F_z = 3.5$）随 Λ（无量纲角速度）变化的曲线。

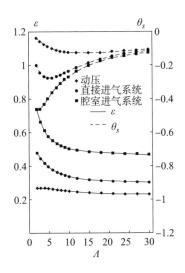

图4.3　气体轴承的静态特性

从图4.3可看出，在同样静态载荷力和不同 Λ 下，动压轴承偏心率最大；带腔室进气系统的轴承具有最大的承载能力，并且其偏心率 ε 最小，几乎与 Λ 无关，其 θ_s 最小且不超过0.1 rad，这意味着在该轴承中动压效应极小，轴承主要依靠气体静压支承。

图4.4表示在不同作用力 F_z 值时，动压轴承和带有直接供气系

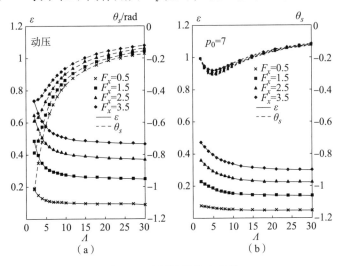

图4.4　动压轴承静态参数

（a）动压轴承；（b）带有直接供气系统静压轴承

统静压轴承的静态特性。与动压轴承相反，静压轴承的角度 θ_s 几乎与载荷力无关，轴承依靠气体静压支承。

4.2 气体轴承的刚度和阻尼系数

4.2.1 动压轴承

图 4.5～图 4.8 给出了当外部载荷为 $F_z = 0.5$ 和 $F_z = 3.5$ 时，动

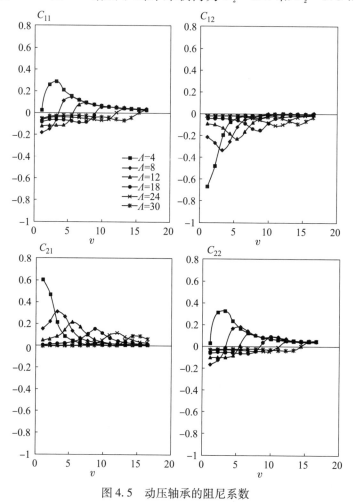

图 4.5 动压轴承的阻尼系数

$$F_z = 0.5$$

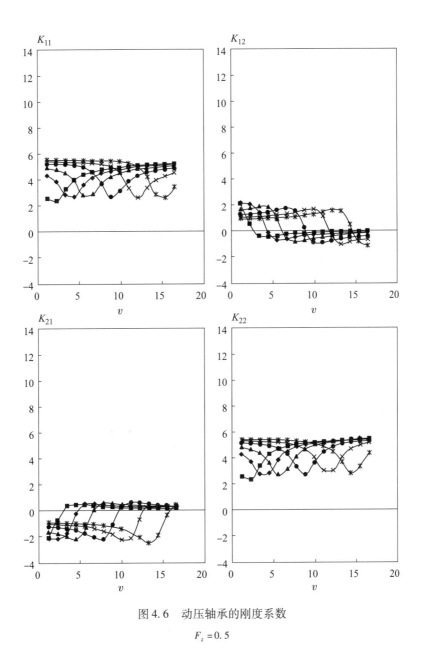

图 4.6　动压轴承的刚度系数

$$F_z = 0.5$$

压轴承的线性刚度和阻尼系数，这些系数是振动频率 ν 和转速 Λ 的函数。随着 F_z 的增加，K_{11} 和 K_{12} 也显著增加，在 $F_z = 3.5$ 时系数 K_{11} 和 K_{22} 增大了约 2 倍，而系数 K_{12} 和 K_{21} 几乎不变。并且，值得注意的

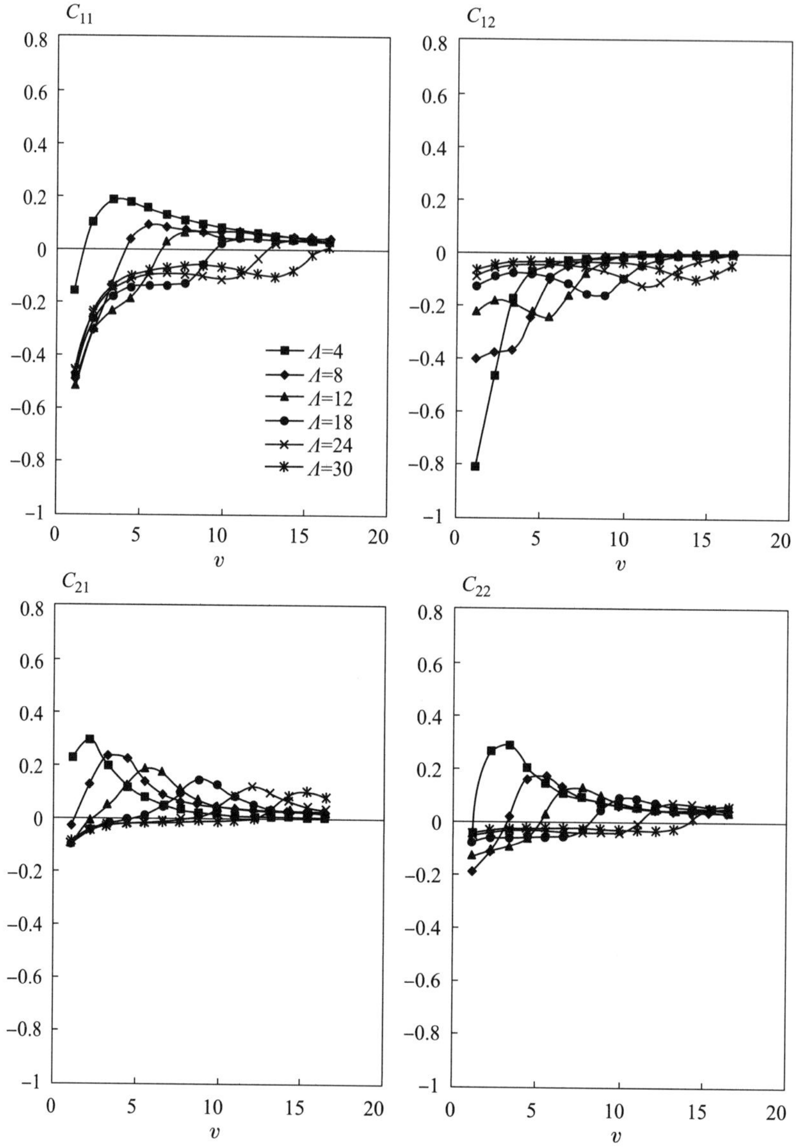

图 4.7　动压轴承的阻尼系数

$$F_z = 3.5$$

是系数 K_{21} 与 $-K_{21}$ 几乎相等，而阻尼系数几乎不依赖于 F_z。

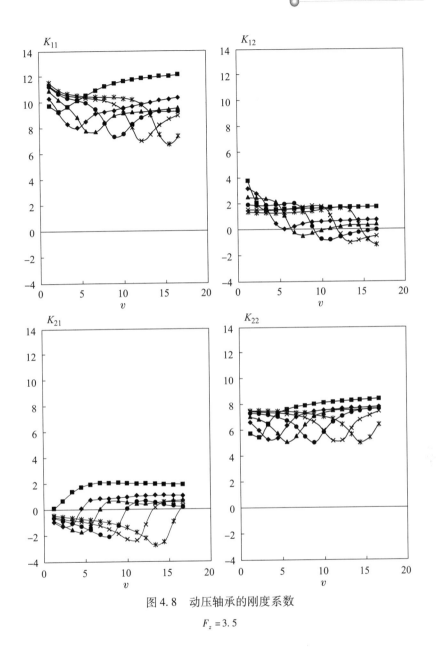

图 4.8　动压轴承的刚度系数

$$F_z = 3.5$$

4.2.2　带有直接供气系统的静压轴承

图 4.9～图 4.16 显示了当供气压力为 $p_0 = 4$ 和 $p_0 = 7$ 外部载荷分别为 $F_z = 0.5$ 和 $F_z = 3.5$ 时，静压轴承的线性刚度和阻尼系数。

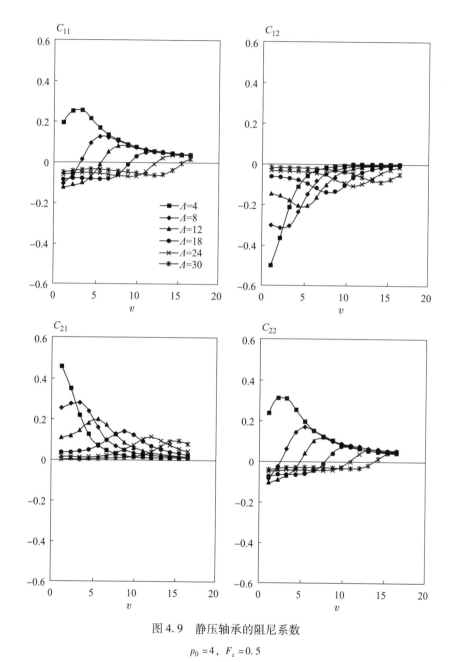

图 4.9 静压轴承的阻尼系数

$p_0 = 4$，$F_z = 0.5$

对静压轴承，F_z 和 p_0 的增加会导致 K_{11} 和 K_{22} 显著增大，但没有动压轴承显著；阻尼系数几乎与 F_z 无关。

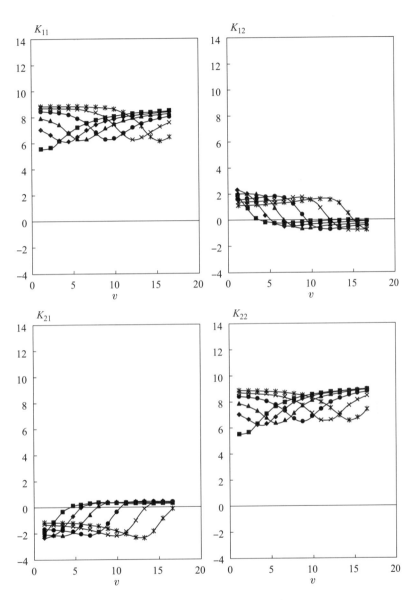

图 4.10　静压轴承的刚度系数

$p_0 = 4$,　$F_z = 0.5$

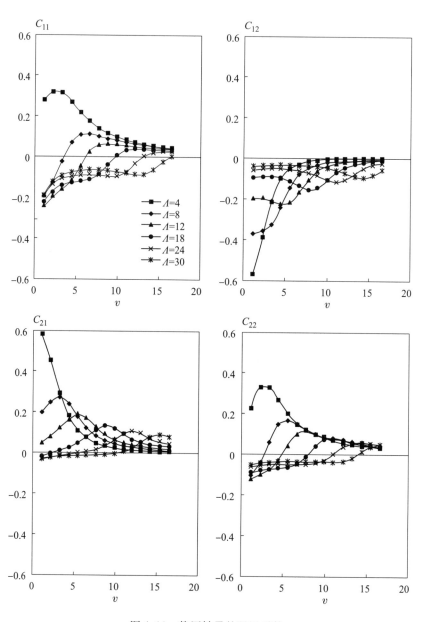

70

图 4.11　静压轴承的阻尼系数

$p_0 = 4$，$F_z = 3.5$

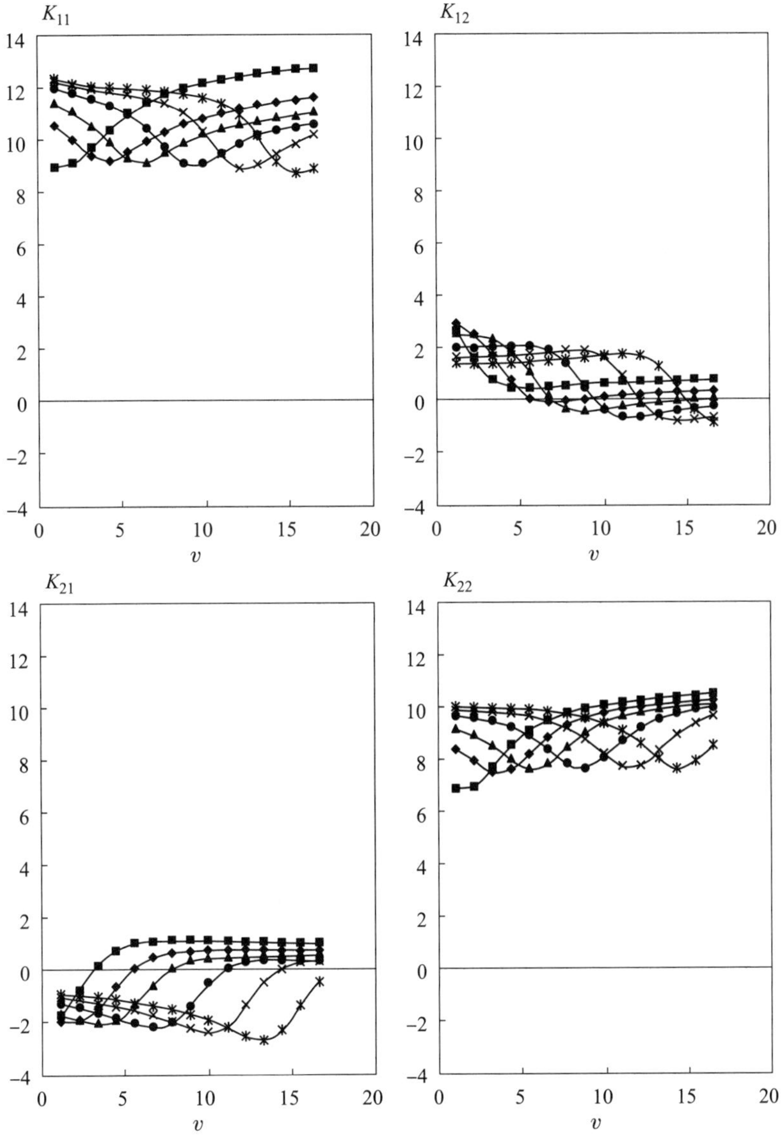

图 4.12　静压轴承的刚度系数

$p_0 = 4$，$F_z = 3.5$

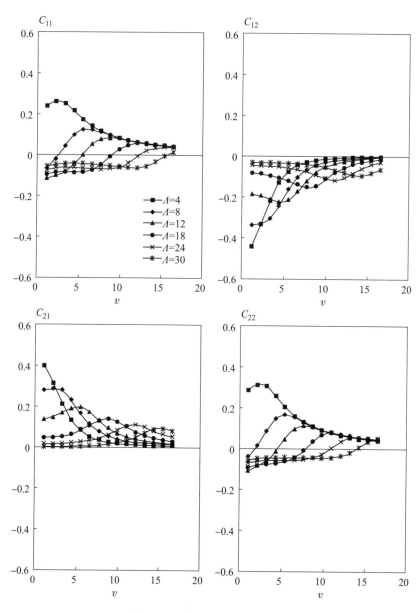

图 4.13   静压轴承的阻尼系数

$p_0 = 7$，$F_z = 0.5$

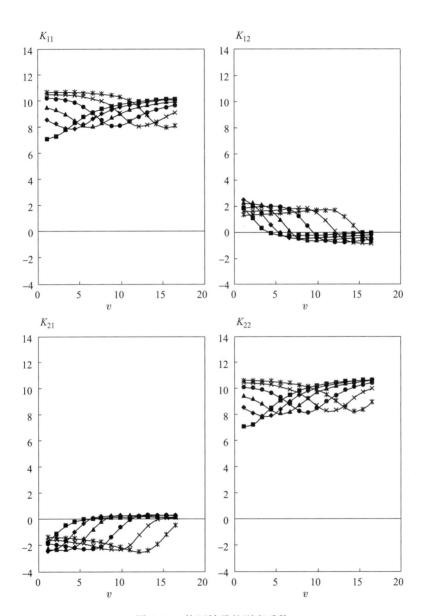

图 4.14 静压轴承的刚度系数

$p_0 = 7$，$F_z = 0.5$

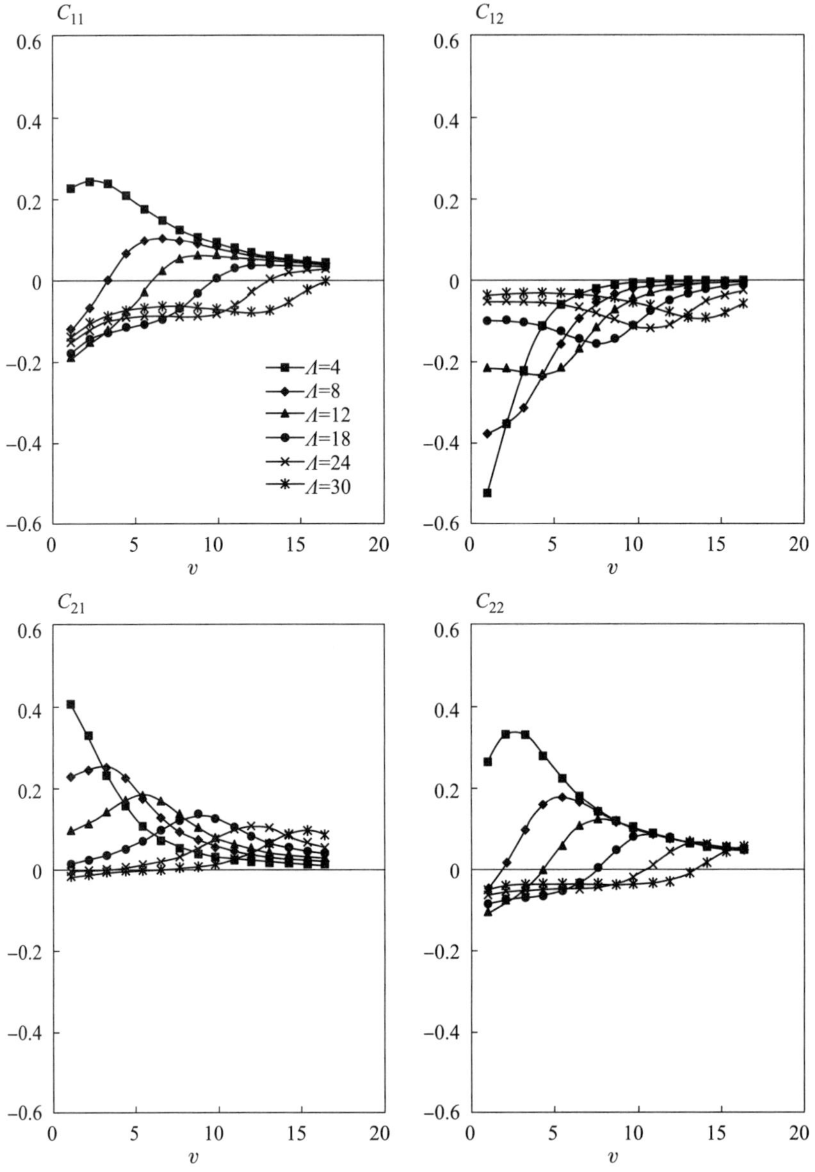

图 4.15 静压轴承的阻尼系数

$p_0 = 7$, $F_z = 3.5$

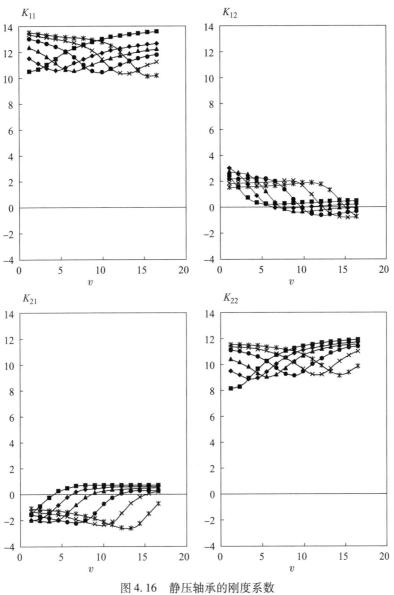

图 4.16 静压轴承的刚度系数

$p_0 = 7$, $F_z = 3.5$

4.2.3 带有腔室供气系统的静压轴承

不同轴承数 Λ 和轴颈涡动频率 ν 时，带有腔室供气系统轴承的

线性刚度和阻尼系数如图 4.17 和图 4.18，此时外部载荷为 $F_z = 3.5$，腔室高度为 $h_{k1} = 0.0025$ m 或 $h_{k1} = 0.025$ m。

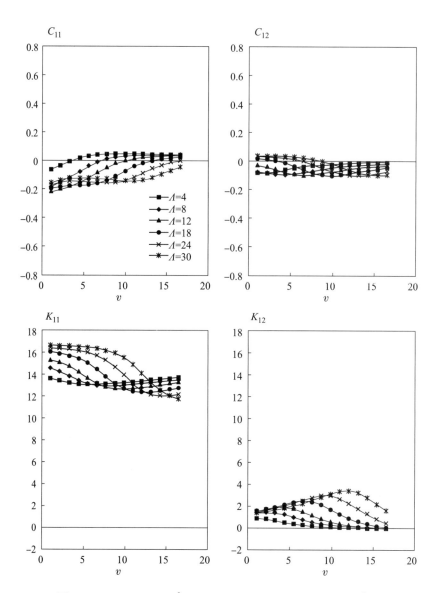

图 4.17 $r_d = 0.15 \times 10^{-3}$ m, $h_{k1} = 0.0025$ m, $r_{01} = 1.0 \times 10^{-3}$ m

带供气腔静压轴承的阻尼系数和刚度系数

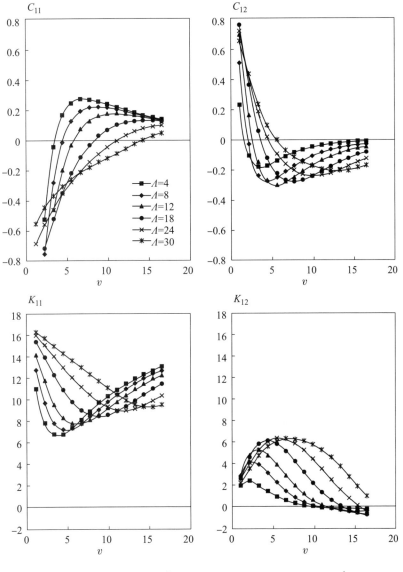

图 4.18　$r_d = 0.15 \times 10^{-3}$ m，$h_{k1} = 0.025$ m，$r_{01} = 1.0 \times 10^{-3}$ m
带供气腔静压轴承的阻尼和刚度系数

4.2.4　结论

由于轴颈偏心率 ε 相对较小，轴承系数满足如下关系：

$$C_{22} \approx C_{11}, \quad C_{21} \approx -C_{12}, \quad K_{22} \approx K_{11}, \quad K_{21} \approx -K_{12} \qquad (4.1)$$

因此，可以省略 C_{22}，C_{21}，K_{22}，K_{21} 这几个系数。

比较图 4.7、图 4.8 和图 4.15、图 4.16 可以看出，对于动压轴承和带有直接供气系统的静压轴承，刚度系数和阻尼系数对于轴颈涡动频率 ν 和轴承数 Λ 之间的定量关系是一致的。当然，静压轴承的刚度系数 K_{11} 比动压轴承的 K_{11} 约大 40%。小体积（如图 4.17 中的 $h_{k1} = 0.002\ 5$ m）腔室的静压轴承的 K_{11} 相较于带有直接供气系统静压轴承增大了约 15%，并且大幅减小了阻尼系数 C_{11}：对于带有腔室供气系统的静压轴承，这些值在区域（Λ，ν）的主要部分是负值，极易诱发"气锤自激"——轴颈位移和腔室压力之间的反向作用引发的自激振动。

随着腔室容积的增加（如图 4.18 的 $h_{k1} = 25$ mm），轴颈运动并没有引起腔室内压力的明显变化。在带有较大腔室的轴承中，刚度系数和阻尼系数与涡动频率 ν 和轴承数 Λ 强相关，并且主阻尼系数 C_{11} 和交叉阻尼系数 C_{12} 系数的绝对值均显著增加。

第 **5** 章

气体轴承 – 转子系统的稳定性

5.1 带固定轴瓦的转子稳定性

图 5.1 给出了刚性安装 ($K_p = \infty$) 且外部加压 ($p_0 = 7$) 的直接供气系统静压轴承支承简化动力系统的稳定性图谱。Λ_{cr} 是当自激振

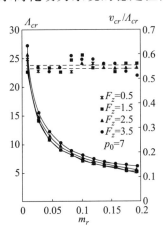

图 5.1　带固定轴瓦转子的稳定性图谱

$p_0 = 7$

动出现时转子的临界转速；横坐标 m_r 是转子简化质量。如式（3.18）和式（3.19）所示，圆柱涡动自由振动 [式（3.9）] 下，m_r 等于转子质量的一半：

$$m_{rcyl} = \frac{m}{2} \qquad (5.1)$$

而对于圆锥涡动自由振动 [式（3.10）]，m_r 为

$$m_{rcon} = \frac{B}{2l^2} \qquad (5.2)$$

例如，当 $F_z = 2.5$、$m_{rcyl} = 0.15$ 且 $m_{rcon} = 0.05$ 时，转子的圆柱涡动在 $\Lambda_{cr} = 6.5$ 时失稳，此时的转速就是转子可以运行的最大速度。当 $\Lambda_{cr} = 11$ 时，转速的进一步增加将引起圆锥涡动的不稳定。

值得注意的是，稳定性阈值与外部载荷 F_z 的大小几乎无关。图 5.1 中的水平点线表示了临界转速 Λ_{cr} 和自激振动频率 ν_{cr} 之间在稳定性阈值上的比例，平均值 $\nu_{cr} / \Lambda_{cr} \approx 0.55$ 表明自激振动的原因是气膜阻尼特性的消失，这种现象称为"半速涡动"。

当 $F_z = 1.5$ 时各种供压稳定性阈值的比较如图 5.2 所示。静压轴承系统的阈值大于动压轴承系统。供气压力从 4 增加到 7（$p_0 = 7$ 实际可能的最大值）时，稳定性阈值并没有明显增加。

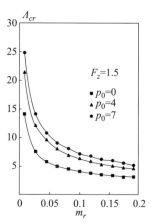

图 5.2　带固定轴瓦转子的稳定性图谱

$F_z = 1.5$

图 5.3 显示了简化系统的稳定性图谱，其中轴瓦与箱体固连在一起（$K_{pr} = \infty$）。横轴表示等效质量，曲线显示转子可达到的最大转速 Λ，当超过该转速时转子开始出激振动现象并失稳。

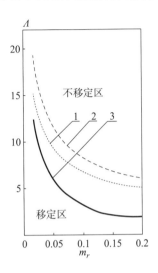

图 5.3　刚性安装轴承的转子稳定性图
谱：动压轴承，直接供气静压轴承和
带供气腔静压轴承
$h_{k1} = 2.5 \text{ mm}$

5.2　带弹性安装轴瓦的对称 转子的稳定性

上节中介绍的轴瓦是直接安装在固定的壳体中，自激振动区域会沿转速边界从顶部向下无限扩展。当轴瓦和壳体之间引入由线性弹簧 K_p 和黏滞阻尼 C_p 组成的弹性支承（如图 3.1）后，这种情况会有所改观，因为轴瓦弹性支承的刚度系数和阻尼系数（K_p 和 C_p）对不稳定区域的影响很大。图 5.4（a）为带有柔性安装轴瓦的转子在圆柱涡动时的稳定性阈值算例（动压轴承，$F_z = 1.5$）。

对于不同的刚度系数 K_p，出现自激振动不稳定区域的范围是有限的。当 K_p 小于 0.5 或大于 3.5 时，对任意阻尼系数 C_p 都存在不稳定区域。与刚性安装轴瓦的转子不同，其不稳定区域不再是无界的。但是，如果系统要避免在不稳定区域运行，它必须先穿过这些不稳定的区域。在图 5.4 中，当选择合适的 K_p（如 $K_p = 2$），主要不稳定区域被分为点 A 到点 C 间的两个子区域。这就意味着，对于 $C_p = 0.6$ 系统运行时不会出现圆柱形自激振动，这与转速 Λ 的值无关。图 5.4（b）显示了不稳定区域的边界，并形成了所谓的恒稳环，恒稳环内的任意 C_p 和 K_p 值都能确保转子圆柱涡动稳定。

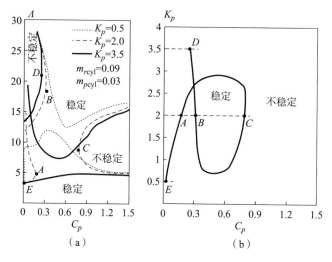

图 5.4　圆柱涡动的稳定性阈值和恒稳环

（a）$C_p - \Lambda$ 关系曲线；（b）$C_p - K_p$ 关系曲线

$$m_p = 0.03，F_z = 1.5$$

　　转子圆锥涡动的稳定性阈值（$m_{rcon} = 1/3 m_{rcyl}$）如图 5.5（a）所示。对任意 K_p 和 C_p 都有不稳定区域，因此图 5.5（b）中不存在恒稳环。也就是说，当采用两个动压轴承支承，$F_z = 1.5$（等于转子质量），集中质量 $m_p = 0.03$ 时，长度为 $2l$ 的无质量轴的自激振动是无法避免的。

　　研究结果表明，稳定环的大小取决于转子质量的增量、轴瓦质量的增量和外部载荷的大小。图 5.6 给出了在 3 种不同载荷 F_z 下，

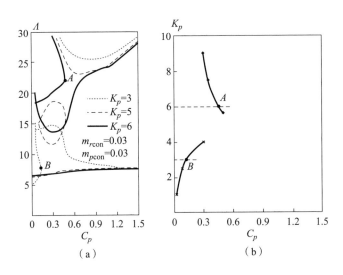

图 5.5　圆锥形涡动的稳定性阈值和恒稳环

（a）$C_p - \Lambda$ 关系曲线；（b）$C_p - K_p$ 关系曲线

$m_p = 0.03$，$F_z = 1.5$

动压轴承支承转子的稳定性图谱（恒稳环）。从图 5.6（a）可看出，当轴承的外部载荷较小（$F_{zcyl} = 1.5$）时，仅圆柱涡动（$m_{cyl} = 0.09$）出现恒稳环。

随着转子质量增加引起轴承载荷力增加，圆锥涡动下的恒稳环也随之出现（点线）。在图 5.6（b）中，当 $F_z = 2.5$，转子的等效质量等于

$$m_{rcyl} = 0.15，m_{rcon} = 0.05 \qquad (5.3)$$

但恒稳环的范围并没有重叠部分。

图 5.6（c）表明，只有当 $F_z = 3.5$（$m_{rcyl} = 0.21$，$m_{rcon} = 0.07$）时，转子可以避免出现自激振动现象。轴瓦弹性支承参数的合理选取（如 $C_p = 1$，$K_p = 5$）能够保证转子的稳定运行，而与转速大小无关。

在较小的轴承载荷下，如果转子质量的减少量 m_{rcon} 大于 1/3 m_{rcyl}，则可以避免出现自激振动，如图 5.6 中的虚线表示了 $m_{rcon} = 2/3 m_{rcyl}$ 时的恒稳环。当转子 $m_{rcon} = m_{rcyl}$ 时效果最佳，此时圆柱涡动和

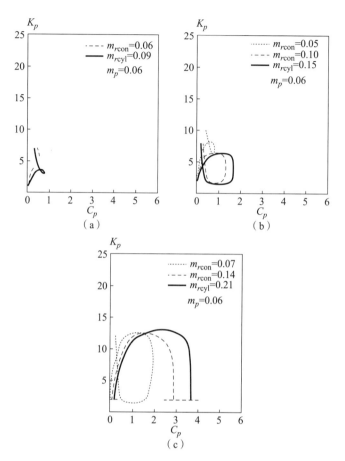

图 5.6　动压轴承中转子的恒稳环

（a）$F_z = 1.5$；（b）$F_z = 2.5$；（c）$F_z = 3.5$

锥形振动的稳定区域一致，支承系统的设计易于消除自激振动。

　　图 5.7 给出了直接供气静压轴承支承转子的稳定性区域图谱，其中载荷 $F_z = 2.5$，两个供气压力 $p_0 = 4$［图 5.7（a）］和 $p_0 = 7$［图 5.7（b）］。

　　对比图 5.6（b）、图 5.7（a）和图 5.7（b），可以观察到随着供气压力的增加，参数 C_p 和 K_p 的稳定区域扩大，可有效避免自激振动。

　　除供气压力外，轴瓦质量对恒稳环范围的影响也很大。图 5.8

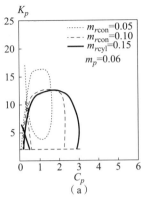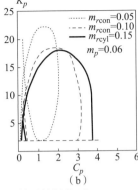

图 5.7　静压轴承支承转子的恒稳环

$F_z = 2.5$

（a）$p_0 = 4$；（b）$p_0 = 7$

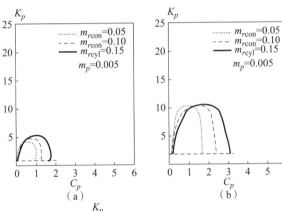

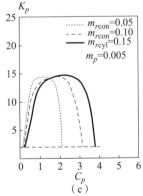

图 5.8　恒稳环——轻型轴瓦

$F_z = 2.5$

（a）动压轴承；（b）静压轴承 $p_0 = 4$；（c）静压轴承 $p_0 = 7$

给出了与图 5.6（b）、图 5.7（a）和图 5.7（b）类似的转子稳定区域，但轴瓦质量减少了很多。可见对静压轴承，恒稳环变化很小，对应 K_p 变化也不明显。当轴承自激振动时，随着轴瓦质量的减少，出现转子圆锥涡动的恒稳环（$m_{rcon} = 1/3 m_{rcyl}$），且圆柱涡动恒稳环的范围也明显增加。

图 5.9 和图 5.10 表明，当转子等效质量一定时，外部载荷越大，恒稳环的范围越大。图 5.11 和图 5.12 给出了简化系统的稳定性图谱，该系统由质量 $m_r = 0.21$ 的轴颈和质量 $m_{pr} = 0.06$ 的轴瓦组成，其中图 5.11（a）对应的是动压轴承，图 5.11（b）对应的是直接供气静压轴承，图 5.12 对应的是腔室供气静压轴承（$h_{k1} = 0.0025$ m；图 5.12（a）$m_r = 0.21$，图 5.12（b）$m_r = 0.07$）。图 5.12 中给出了给定 4 个刚度系数 K_{pr} 下，阻尼系数 C_{pr} 在 $0 \leqslant C_{pr} \leqslant 1$ 范围内的自激振动边界。

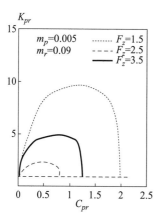

图 5.9 轻型轴瓦静压轴承
对应的恒稳环
$p_0 = 7$

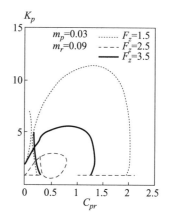

图 5.10 重型轴瓦静压轴承
对应的恒稳环
$p_0 = 7$

在图 5.11（a）中，对 $K_{pr} = 16$ 的动压轴承，当 $\Lambda \approx 5$ 时对于任意 C_{pr} 值，系统都会失去稳态稳定性进入不稳定区域。与刚性支承轴瓦的系统相反，其自激振动区域有限，且系统可以在高于稳定性的上限转速区域运行。

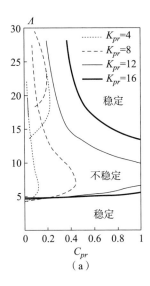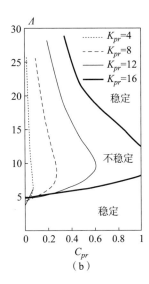

图 5.11　带弹性安装轴瓦简化系统的稳定性图谱

（a）动压轴承；（b）带有直接供气系统的静压轴承

$m_r = 0.21$，$m_{pr} = 0.06$

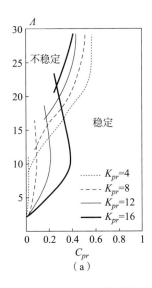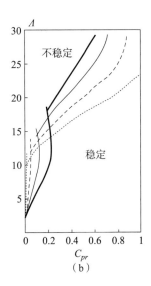

图 5.12　带供气腔轴承简化系统的稳定性图谱

（a）$m_r = 0.21$；（b）$m_r = 0.07$

$m_{pr} = 0.06$，$h_{k1} = 2.5$ mm

从自激振动边界的数值[14]结果可知，此时将出现超临界 Hopf 分岔，并且轴颈运行边界圆的半径将很快超过半径间隙 c 和偏心率 ε 所允许的最大值：轴颈与轴瓦发生擦碰，导致轴承在短时间内损坏。当刚度系数 K_{pr} 减小时，这种情况将得到改善。当 $K_{pr} = 8$、$C_{pr} > 0.45$ 时，非稳定区域消失。当采用 $K_{pr} = 8$ 和 $C_{pr} > 0.45$ 的支承时，系统能够以任意角速度运行（如假设轴承间隙中的气流为层流，那么 $\varLambda = 30$ 是这个系统的临界速度）而不失去稳定性。在前面提及的基本不稳定区域中，轴颈和轴瓦同相运动，系统处于自激振动状态。另外，对于 $K_{pr} = 4$ 和 8，系统在较高转速时将出现第二个不稳定区域，此时轴颈和轴瓦反相运动，系统也处于自激振动状态。

采用直接供气静压轴承，可减小不稳定区域的范围［图 5.11 (b)］，采用带供气腔静压轴承的效果更佳。从图 5.12 中可见，当 $C_{pr} > 0.6$ 时，对于给定的 4 个刚度系数 K_{pr} 值，系统都没有出现不稳定区域。

对带供气腔静压轴承的转子进一步研究发现，质量 m_r 的减少将引起轴颈和轴瓦的反相振动，并导致不稳定区域的范围缩小和第二个不稳定区域面积的增加，见图 5.12 (a) 和图 5.12 (b)。

可以通过减小轴瓦的质量（如果可能的话）来避免第二个不稳定区域的扩大。由图 5.13 可知，当 $m_r = 0.21$、$m_r = 0.07$ 时，轴瓦质量取值仅为图 5.12 的 1/2，即 $m_{pr} = 0.03$。m_{pr} 的减小对系统基本不稳定区域影响不大，但第二个不稳定区域显著减少（尤其当 $m_r = 0.07$ 时）。

另一种缩小不稳定区域的方法是为进气系统选择合适体积的腔室。观察比较 $m_r = 0.21$ 时的图 5.12 (a) 和图 5.14 (a)，以及 $m_r = 0.07$ 时的图 5.12 (b) 和图 5.14 (b)，腔室高度从 $h_{k1} = 2.5$ mm 减小到 $h_{k1} = 0.8$ mm 后，不稳定区域范围显著缩小，特别是第二个种情况。当然，在 $h_{k1} = 0$ 的极端情况下腔室更接近于直接供气系统，反而会导致不稳定区域的扩大［图 5.11 (b)］。

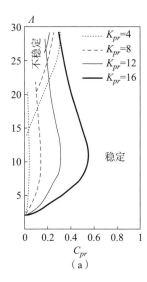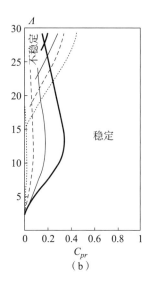

图 5.13　简化系统的稳定性图谱

（a）$m_r = 0.21$；（b）$m_r = 0.07$

$m_{pr} = 0.03$，$h_{k1} = 2.5$ mm

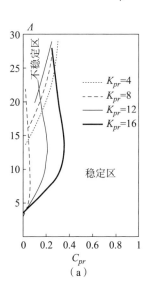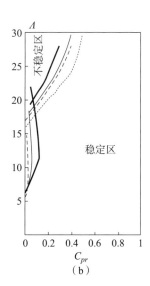

图 5.14　简化系统的稳定性图谱

（a）$m_r = 0.21$；（b）$m_r = 0.07$

$m_{pr} = 0.06$，$h_{k1} = 0.8$ mm

在计算空气浮环的刚度和阻尼系数时，应尽可能地缩小第二个不稳定区域，这是实际工程中弹性轴瓦支承需要考虑的重要问题。

稳定性图谱主要关注简化系统。在简化公式（3.18）中，转子、轴瓦和支承结构的参数在圆柱涡动的情况下彼此相关，因此轴瓦和弹性支承的设计自由度不大。稳定性图谱提供的设计建议是让轴瓦质量 m_p 尽可能小，以避免转子和连接轴瓦在反相位振动时失稳。

当考虑圆锥涡动的稳定性时，简化公式（3.19）中需要增加描述轴承、弹簧 K_p 和阻尼器 C_p 间距离的参数 l，l_K 和 l_C。通过选择合适的间距，计算得到圆锥涡动转子的参数，使简化系统的圆锥涡动保持稳定。

例：若转子的无量纲质量 $m = 0.42$，惯性力矩 $B = 42$，轴瓦质量 $m_p = 0.12$，由长为 $2l$ 的轻杆将两个集中质量连接在一起（参见图3.1），则轴瓦的惯性力矩为 $B_p = m_p l^2$。假设轴承、弹簧和阻尼器之间的距离为 $l = l_K = l_C = 17.3$，则由式（3.18）可得圆柱涡动时的等效质量为

$$m_{rcyl} = \frac{m}{2} = 0.21, \quad m_{prcyl} = \frac{m_p}{2} = 0.06 \tag{5.4}$$

对于圆锥涡动，由式（3.19）可得

$$m_{rcon} = \frac{B}{2l^2} = 0.07, \quad m_{prcon} = \frac{B_p}{2l^2} = \frac{m_p l^2}{2l^2} = 0.06 \tag{5.5}$$

如果将 $l = l_C = l_K$ 的值从 17.3 降为 10，可以增大质量削减量 m_{rcon}：

$$m_{rcon} = \frac{B}{2l^2} = 0.21 \tag{5.6}$$

且轴瓦等效质量保持不变：

$$m_{prcon} = \frac{B_p}{2l^2} = \frac{m_p l^2}{2l^2} = 0.06 \tag{5.7}$$

根据式（3.19），还可以选择 l_C 和 l_K 的值为圆锥涡动确定 C_{pr} 和 K_{pr} 的最佳减少值，然而在工程实践中，极少采用 $l_C \neq l_K \neq l$ 的结构。

5.3　带弹性安装轴瓦的非对称转子稳定性

5.3.1　双轴承支承的均质轴稳定性

考虑端部装有动压轴承的均质轴，如图 3.5 所示。弹性轴瓦支承位于轴承下方，并有间距 $l_C = l_K = l = 10$。转子质量 $m = 0.24$，连接的轴瓦质量 $m_p = 0.01$，其惯性力矩分别为 $B = 24$，$B_p = 3$。轴承的总载荷为 $F_z = 4$，等于转子重量。

当外部载荷 F_z 作用于转子中间时，系统是对称的，轴承的反作用力为 $F_{z1} = F_{z2} = 2$。当力 F_z 作用的位置改变时，并不会引起转子和轴瓦的质的（S 和 S_p）的改变，但是会引起轴承反作用力的变化。因此，对于 $l_3 = 0.75l_1$，有 $F_{z1} = 2.5$，$F_{z2} = 1.5$；对于 $l_3 = 0.25l_1$，有 $F_{z1} = 3.5$ 和 $F_{z2} = 0.5$。

现在让我们看一下载荷作用点的变化如何影响系统静态平衡位置的稳定性。图 5.15（a）为圆柱（虚线）和圆锥（实线）涡动的失稳转速范围，对应轴瓦支承刚度系数 $K_p = 2$，阻尼系数范围为 $0 \leqslant C_p \leqslant 2$，此时由于转子对称布置，使得 $F_{z1} = F_{z2} = 2$。可见，当阻尼系数 C_p 小于 0.2 或大于 0.57 时，在一定的转速范围内，静态平衡位置的稳定性就会被破坏。由于自激振动的振幅会突增（极限环的静态半径），实际上我们无法避免不稳定区域的产生，这将导致轴和轴瓦间发生破坏性撞击。因而，选择适当的刚度系数 K_p，且阻尼系数值范围在 $0.2 < C_p < 0.57$，可以避免不稳定区域的出现，转子可以高转速运行而不产生自激振动。

图 5.15（b）和图 5.15（c）表示随着轴承载荷波动，非稳定区域也在变化。转子外载荷作用点的变化［如图 5.15（b）所示，$F_{z1} = 2.5$，$F_{z2} = 1.5$］，会扩大圆锥涡动的 C_p "稳定"值范围（点 A

和 C 距离越来越远），并且限制了圆柱涡动的 C_p "稳定"值范围（点 B 和 D 越来越近）。

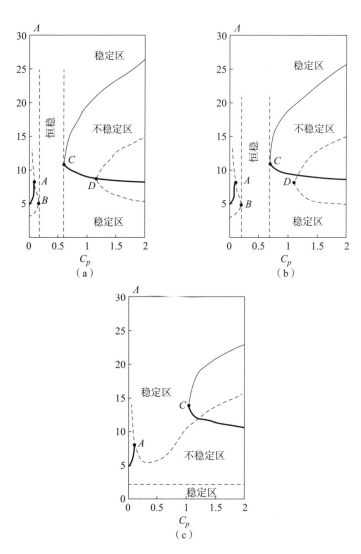

图 5.15　圆柱（虚线）和圆锥（实线）涡动下均质轴的

稳定性阈值

（a）$F_{z1} = F_{z2} = 2$；（b）$F_{z1} = 2.5$，$F_{z2} = 1.5$；（c）$F_{z1} = 3.5$，$F_{z2} = 0.5$

$K_p = 2$

进一步增加轴承载荷间的比例［图 5.15（c），$F_{z1} = 3.5$，$F_{z2} = 0.5$］，使得圆柱涡动不稳定区域连成一片，且 C_p 的恒稳范围变小甚至消失。

从图 5.16（a）、图 5.16（b）和图 5.16（c）可以看出，3 种不同转子载荷的情况下不稳定区域的边界位置（点 A，B，C，D）是系数 K_p 和 C_p 的函数。当柔性轴瓦支承的刚度系数和阻尼系数位于如图 5.16 所示的两个环内时，可以实现任意转速下转子的稳定运行。

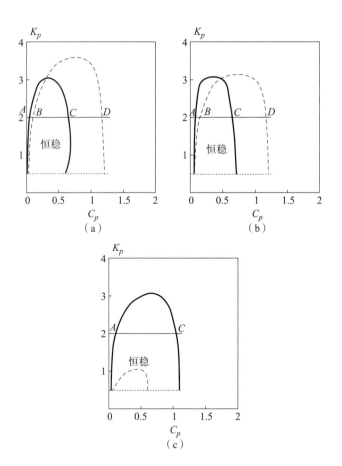

图 5.16   圆柱（虚线）和圆锥（实线）涡动下均质轴的恒稳环

（a）$F_{z1} = F_{z2} = 2$；（b）$F_{z1} = 2.5$，$F_{z2} = 1.5$；（c）$F_{z1} = 3.5$，$F_{z2} = 0.5$

5.3.2　集中质量轴的转子稳定性

下面我们来分析装有圆盘的均质轴转子，其集中质量等于均质轴的质量（图3.4）。如前所述，转子质量为 $m = 0.24$，轴瓦质量为 $m_p = 0.01$，轴瓦惯性力矩为 $B_p = 3$，此时轴承为动压轴承。当圆盘装在转子中间位置时，转子的惯性力矩为 $B = 24$。柔性轴瓦支承位于轴承下方，其间隙 $l_C = l_K = l = 10$。转子的静载荷等于其重量 $F_z = 4$。圆盘在轴上位置的变化将引起轴承载荷和转子惯性力矩的变化。

表 5.1 列出了 3 种圆盘位置的计算结果。在第三种情况下 l_T 为负值，意味着圆盘已经脱离轴承（即悬臂转子）。

表 5.1　转子参数

序号	圆盘位置 l_T	载荷位置 l_3	左轴承载荷 F_{z1}	右轴承载荷 F_{z2}	转子惯性力矩 B
1	l	l	2	2	24
2	$0.5l$	$0.75l$	2.5	1.5	24.75
3	$-0.5l$	$0.25l$	3.5	0.5	30.7

图 5.17（a）给出了对称系统的不稳定边界。取 $l_C = l_K = l_1 = l_2 = l$，使得圆柱和圆锥涡动的不稳定区域相同，刚度系数 $K_p = 2$。与图 5.15（a）类似，在 $0.2 < C_p < 1.1$ 范围内未出现自激振动，转子的静态平衡位置也保持稳定，与转速 Λ 无关。

圆盘位置变化（如表 5.1 中的第二组数据），会导致自激振动的 C_p 的选取范围受限 [图 5.17（b）]。此时圆锥涡动的不稳定区域 [与圆柱形模式均质轴不同，参见图 5.15（b）] 扩大。当轴承载荷力不均衡性进一步加大，将导致圆锥涡动的两个不稳定区域连通 [图 5.17（c）]，从而对于任意阻尼系数 C_p，都可能出现自激振动（当 $K_p = 2$ 时）。

图 5.18（a）、图 5.18（b）和图 5.18（c）与图 5.17（a）、图 5.17（b）和图 5.17（c）相对应，从稳定性图谱的稳定性阈值分

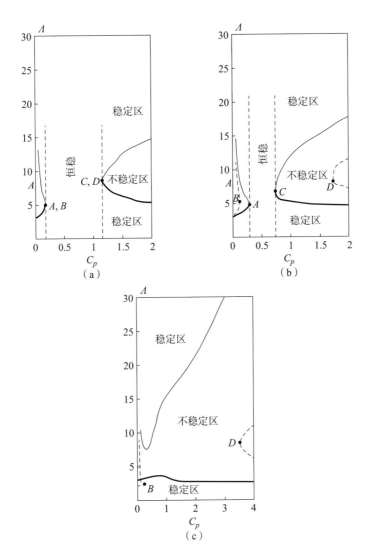

图 5.17　圆柱（虚线）和圆锥（实线）涡动下非对称转子的稳定性阈值

（a）$F_{z1} = F_{z2} = 2$；（b）$F_{z1} = 2.5$，$F_{z2} = 1.5$；（c）$F_{z1} = 3.5$，$F_{z2} = 0.5$

$$K_p = 2$$

布可见，随着轴承载荷不均衡性加剧，恒稳环范围开始变小。

　　在后续的数值实验中，改变轴承间距（轴瓦支承距离也随之变化）也可得到类似的图谱，如图 5.18 所示，轴承载荷间的差别越大，恒稳环范围越小。

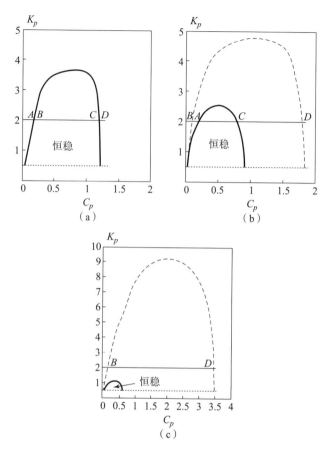

图5.18　圆柱（虚线）和圆锥（实线）涡动下非对称
转子的稳定性图谱

（a）$F_{z1} = F_{z2} = 2$；（b）$F_{z1} = 2.5$，$F_{z2} = 1.5$；（c）$F_{z1} = 3.5$，$F_{z2} = 0.5$

　　这些研究都是基于动压轴承，这种轴承的刚度和阻尼系数与静载荷 F_{z1}、F_{z2} 的关系密切，我们认为这种相关性是非对称转子恒稳环突然变小的原因。

　　下面将用静压轴承代替动压轴承，供气压力 $p_0 = 7$。图5.19 显示了静压轴承支承转子的稳定性图谱。出于简化考虑，此处仅显示了圆锥和圆柱涡动恒稳环的共同部分。将图5.18（a）、图5.18（b）和图5.18（c）与图5.19 进行比较可以发现，使用静压轴承时，对称转子的恒稳区域显著增大。另外，对于非对称转子，恒稳环并不

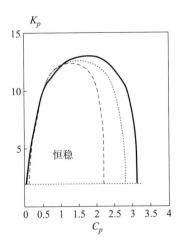

图 5.19　静压轴承支承非对称转子的稳定性图谱

实线—$F_{z1} = F_{z2} = 2$；虚线—$F_{z1} = 2.5$，$F_{z2} = 1.5$；点线—$F_{z1} = 3.5$，$F_{z2} = 0.5$

$p_0 = 7$

像动压轴承那样急剧缩小。

5.3.3　轴瓦非对称支承的非对称转子稳定性

这里给出的数值和实验结果表明，随着 F_{z1} 和 F_{z2} 不均衡性增加（特别是在动压轴承支承的转子），恒稳环越小。

在下面的实验中，转子的稳定性图谱如图 5.17（c）和图 5.18（c）所示，左侧（载荷较大）刚度 K_p 从 2 变为 1。如图 5.20 所示，细线为 K_p 减小前圆锥涡动自激振动的连续区域。系数 K_p 值减小后，该区域被分为两个子区域，C_p 在这两个子区域范围内取值，可以确保转子运行时不发生自激振动。

5.3.4　轴瓦质量对恒稳环的影响

轴瓦质量 m_p 对恒稳环大小和位置有极大影响。如图 5.21 所示，数值研究结果表明如将轴瓦质量从 $m_p = 0.01$ 增大到 $m_p = 0.12$，为确保转子运行而不发生自激振动，K_p 和 C_p 的取值范围所减小，这里的

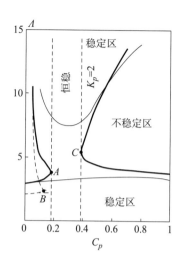

图 5.20　圆柱（虚线）和圆锥（实线）涡动下非对称
转子的稳定性阈值

（a）细线：$K_p = 2$；（b）粗线：左侧弹簧 $K_p = 2$，右侧弹簧 $K_p = 1$

$F_{z1} = 3.5$，$F_{z2} = 0.5$

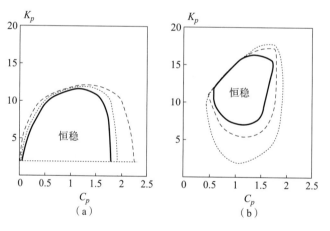

图 5.21　静压轴承支承非对称转子稳定性图谱

（a）$m_p = 0.01$；（b）$m_p = 0.12$

实线：$F_{z1} = F_{z2} = 2$；虚线：$F_{z1} = 2.5$，$F_{z2} = 1.5$；点线：$F_{z1} = 3.5$，$F_{z2} = 0.5$

研究对象是静压轴承支承的转子，如改为动压轴承，轴瓦质量增加会使得恒稳环迅速消失。

第 6 章

空 气 浮 环

6.1　带直接供气系统的空气浮环

可采用最简单的供气装置（与轴承直接供气系统相同）来计算空气浮环的刚度和阻尼系数，其中环长 $L = 0.11$ m（等于轴承的长度），如图6.1所示。

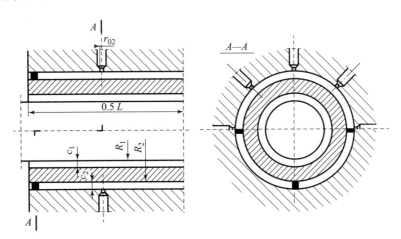

图6.1　带直接供气系统的空气浮环

图6.2和图6.3给出了当供气孔半径为r_{02}、环半径为R_2，轴瓦与壳体间隙c_2取不同值时，对应的阻尼系数C_{11}和刚度系数K_{11}，这些基本参数的变化对刚度系数和阻尼系数影响不大。与第5章介绍的系统中支承轴瓦的弹簧及阻尼器的刚度系数和阻尼系数K_p和C_p任意选择的常数值不同，气体浮环的刚度系数和阻尼系数取决于轴瓦的振动频率ν，如图6.2和图6.3的横轴所示。由于轴瓦和壳体间的偏心率很小（示例中不超过0.2），所以空气浮环的刚度系数和阻

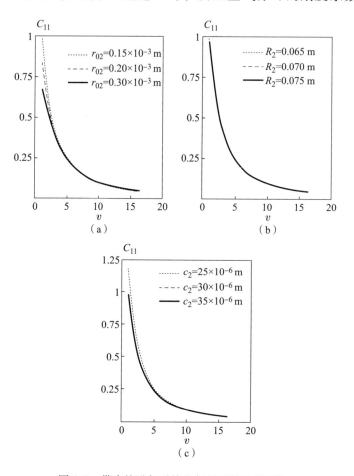

图6.2　带直接进气系统空气浮环的阻尼系数

（a）$R_2 = 0.065$ m，$c_2 = 30 \times 10^{-6}$ m；（b）$r_{02} = 0.15 \times 10^{-3}$ m，$c_2 = 30 \times 10^{-6}$ m；

（c）$R_2 = 0.065$ m，$r_{02} = 0.15 \times 10^{-3}$ m

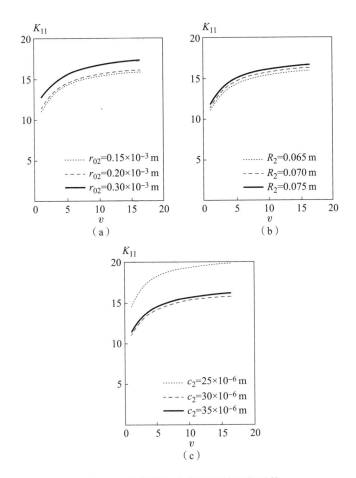

图 6.3　直接供气空气浮环的刚度系数

（a）$R_2 = 0.065$ m，$c_2 = 30 \times 10^{-6}$ m；（b）$r_{02} = 0.15 \times 10^{-3}$ m，$c_2 = 30 \times 10^{-6}$ m；

（c）$R_2 = 0.065$ m，$r_{02} = 0.15 \times 10^{-3}$ m

尼系数 C_{22} 和 K_{22}（在垂直于力 F_z 的平面内）与 C_{11} 和 K_{11} 十分接近，因此在这里未给出其变化曲线，其他参数结果与此类似。与 C_{11} 和 K_{11} 相比，交叉耦合系数 C_{12}、K_{12}、C_{21} 和 K_{21} 的值较小。此外，在所研究的 Λ 范围内，转子转速变化时固有频率 ν 的变化不大，因此可近似认为空气浮环与具有刚度 K_p 和阻尼 C_p 的轴瓦类似，具有各向同性支承。

　　在低频率振动时相当于弹性轴瓦支承系数 C_p 的 C_{11} 接近 1，当振

动频率 ν 增加时，该系数迅速减小。当 $\nu = 3 \sim 4$ 时（系统自激振动频率等级），C_{11} 已小于 0.3。与恒稳环相比较（图 5.6 ～ 图 5.10），这样的阻尼系数不能消除自激振动。刚度系数 K_{11} 的取值范围为 $13 \sim 15$，图 5.7（b）中静压轴承作用类似于 K_p，但仅限于阻尼系数 C_p（$= C_{11}$）≈ 1 时。

为了增加气体浮环的阻尼系数，可在空气浮环两端引入橡胶密封来改变气膜的边界条件，如图 6.4 所示。图 6.5（a）为 γ_r（参见图 6.4）取 4 个不同值时，系数 C_{11} 与振动频率 ν 的关系。此时空气浮环的参数如下：$L = 0.11$ m，$R_2 = 0.065$ m，$r_{02} = 0.15 \times 10^{-3}$ m，$c_2 = 30 \times 10^{-6}$ m。其中 $\gamma_r = 0$（无密封）时 C_{11} 和 K_{11} 由图 6.2 和图 6.3 得到，可用于阻碍沿空气浮环轴向流动，可使系数 C_{11} 增大。例如，当 $\nu = 4$，$\gamma_r = 0$ 时，$C_{11} = 0.29$；当 $\gamma_r = 2/3 \times 2\pi$ 时，$C_{11} = 0.67$。由于阻尼系数与刚度系数 K_{11} 正相关，最终结果将会落入恒稳环内 [见图 5.7（b）]。如图 6.5（b）所示，当 $\gamma_r = 2/3 \times 2\pi$ 时，刚度系数 K_{11} 取值范围在 $20 \sim 30$，高于恒稳环。

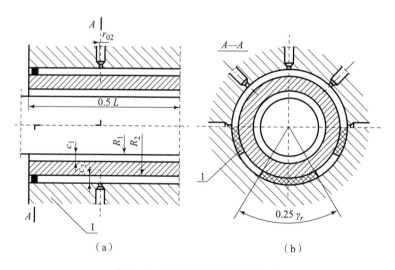

图 6.4　带橡胶密封的空气浮环

（a）橡胶密封结构简图；（b）前视图

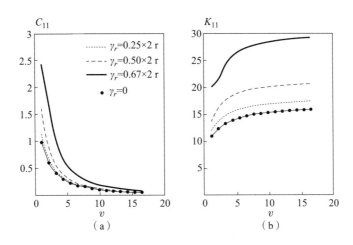

图6.5　带橡胶密封空气浮环的阻尼和刚度系数

也可使用带纵向橡胶阻隔的气环来减少周向气流，如图6.6所示。空气浮环的参数为：$L = 0.11$ m，$R_2 = 0.065$ m，$r_{02} = 0.15 \times 10^{-3}$ m，该环的气膜被这些弹性阻隔分为 $n_k = 4, 6$ 或 8 个扇区。每个扇区内有 1 个位于环长中间位置的供气孔。图6.7 给出了当 $n_k = 8$，3 个不同径向间隙 c_2 值时系数 C_{11} 和 K_{11} 的值。系数 C_{11} 的值再次位于 $C_{11} > 0.5$ 区域内，但刚度系数超过了 $K_{11} < 10$。

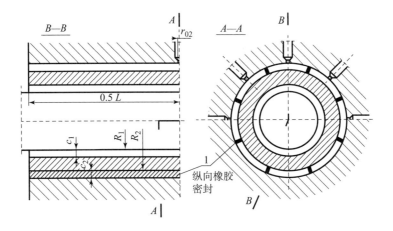

图6.6　带纵向橡胶阻隔的空气浮环

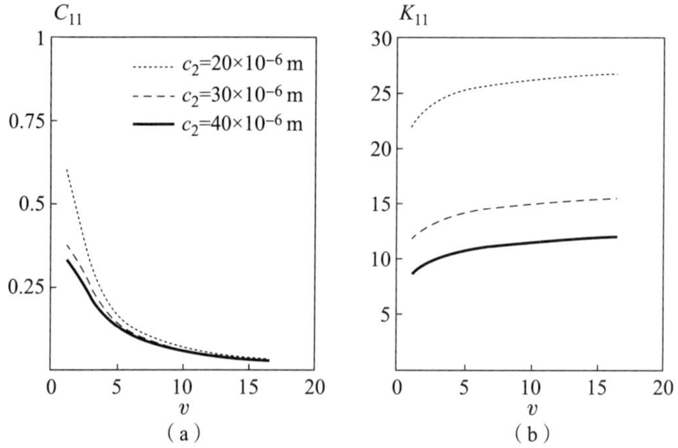

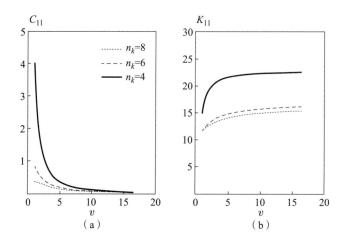

图6.7 带纵向橡胶阻隔空气浮环的阻尼和刚度系数

$$n_k = 8$$

图6.8 给出了扇区数 n_k 的变化对刚度系数和阻尼系数的影响。当 $n_k = 4$ 时，系数 $C_{11} \approx 0.5$（$\nu = 4$），当 K_{11} 值超过 20 时，系统再次位于恒稳环之外。

图6.8 带纵向橡胶阻隔空气浮环的阻尼和刚度系数

（a）$V - C_{11}$ 关系曲线；（b）$V - K_{11}$ 关系曲线

$$c_2 = 30 \times 10^{-6} \text{ m}$$

6.2　带腔室供气系统的空气浮环

为了消除自激振动，直接供气空气浮环难以选取合适的刚度系数和阻尼系数，所以介绍另一种带供气腔空气浮环。如图 6.9 所示，假定该环 $L = 0.11$ m，$R_2 = 0.065$ m，且供气系统包含两排进气孔，每排供气孔有 8 个。

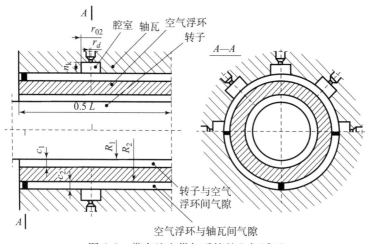

图 6.9　带有腔室供气系统的空气浮环

（a）结构原图；（b）剖视图

图 6.10 显示了各种供气压力 p_0 下空气浮环关于供气孔半径 r_{02} 的偏心率，节流孔径 $r_d = 0.15$ mm，$F_z = 3.5$（与轴承的长度 L 和半径 R_1 有关）。

当供气压力和供气孔径增加时，偏心率 ε 减小。当 $r_{02} > 1.0 \times 10^{-3}$ m 时，ε 减小的幅度很小；因此更大的供气孔径并不会增加轴承负载，反而增大了通过浮环

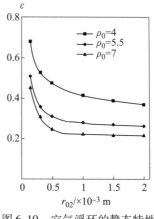

图 6.10　空气浮环的静态特性

$F_z = 3.5$，$r_d = 0.15 \times 10^{-3}$ m

的气流量。

6.2.1 气锤

振动频率 ν 对直接供气系统和带供气腔空气浮环的阻尼系数 C_{11} 和刚度系数 K_{11} 的影响如图 6.11 所示。

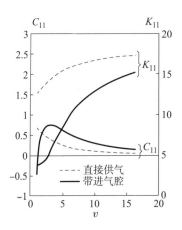

图 6.11　直接供气和带供气腔空气
浮环的刚度系数和阻尼系数

对直接供气系统，压力为 $p_0 = 7$ 的空气通过半径 $r_{02} = 0.15 \times 10^{-3}$ m 的孔口进入气膜。腔室供气系统的浮环中，压力为 $p_0 = 7$ 的空气通过半径 $r_d = 0.15 \times 10^{-3}$ m 的孔进入腔室，腔室体积为

$$V = \pi r_{02}^2 h_{k2} \tag{6.1}$$

而后空气通过半径为 $r_{02} = 1.0 \times 10^{-3}$ m 的供气孔从腔室流入气膜。

由于腔室压力低于 p_0，因此与直接供气系统相比，其刚度系数 K_{11} 会减小。当振动频率（如 $\nu > 2$）足够大时，由于腔室中空气浮环周向静态压力分布不同，腔室会使阻尼系数 C_{11} 变大；当振动频率减小时（如 $\nu < 2$），由于腔室压力的变化，阻尼系数减小。在直接供气系统的空气浮环中，振动频率 ν 越小系数 C_{11} 越大，腔室供气系统

$C_{11}(\nu)$ 存在极值，对于更低的 ν 值 C_{11} 迅速减小，甚至小于 0，此时对应频率 ν 的振动是自激振动，这种现象被称为"气锤"[3,4,31,47,54]。

产生这种现象的主要原因：在频率 ν 较小且腔室体积 V 也较小时，轴瓦运动导致腔室内的压力剧烈变化，在临界情况下系统失稳并导致压力共振，当 $h_k < 0.075$ m 时共振频率可能与转子的自由振动频率相同；当 ν 和 h_k 进一步增大，快速运转的轴瓦运动不足以在一个周期内使腔室内压力 p_1 发生显著变化，流入或流出腔室的空气流量不会导致腔室内压力发生显著变化。对于 $\nu \approx 4 \sim 5$ 时，系数 C_{11} 位于恒稳环的边界上，近似对应有 $C_p = 0.5$，此时刚度系数为 $K_{11} = 6 \sim 8$，系统运行于恒稳环内。

为了更准确地分析气锤现象，图 6.12（a）给出了腔室中载荷 F_x 和压力 p_1 的动态分量随时间的变化曲线。图 6.12（b）给出了径向轴承运动为

$$x = a \sin(\nu t) , \ y = 0 \tag{6.2}$$

时空气浮环的简谐响应。在小频率振动时（如 $\nu = 1.1$），压力变化幅度较大，当压力 p_1 幅值相对其平均值变化 10% 时，轴颈运动压力存在延迟，其相位延迟量为 $\varphi_{p1-x} = 50°$［图 6.12（c）］，对应载荷 F_x 也出现 $\varphi_{Fx-x=30} = 30°$ 的延迟［图 6.12（c）］，且阻尼系数 C_{11} 出现负值。当振动频率 ν 增大（如 $\nu = 6.6$），腔室内压力变化幅度减小，如图 6.12（b）所示。因此，尽管压力变化延迟增加，但其对载荷变化 F_x 的影响较小。力与位移之间的相位差迅速减小，然后变成负值，对应 C_{11} 为正值。C_{11}、相位角 φ_{p1-x} 和 φ_{Fx-x} 的变化分别如图 6.12（c）所示。

图 6.13 与图 6.12 类似，但是空气浮环腔室更小（$h_k = 2.5$ mm）。由于腔室体积小，压力、载荷力和轴颈位移之间没有产生相位差。这就是为什么小阻尼系数不出现气锤现象的原因。

气锤的频率 ν 与腔室高度 h_k 之间的关系如图 6.14 所示。气锤现象并不只出现在小容积腔室中。当腔室的容积足够大时，$C_{11} < 0$

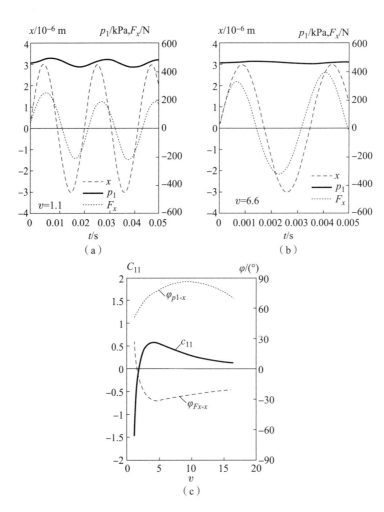

图 6.12 大腔室空气浮环的气锤效应

(a) $\nu=1.1$ 工况；(b) $\nu=6.6$ 工况；(c) $\nu - C_{11}$ 和 φ 关系曲线

$h_k = 0.075$ m, $r_d = 0.15 \times 10^{-3}$ m, $r_0 = 1.0 \times 10^{-3}$ m, $p_0 = 7$, $F_z = 3.5$

对应的 ν 的范围也缩小。在 ν 值较小时，增加容积时压力 p_1 的变化不连续，气锤现象消失。然而，腔室容积的增大也会增大延迟（当空气浮环静态载荷出现剧烈变化时，压力变化时滞效应明显）。

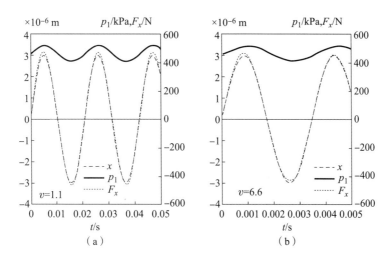

图 6.13　小腔室空气浮环的气锤效应

$h_k = 0.002\ 5$ m，$r_d = 0.15 \times 10^{-3}$ m，$r_0 = 1.0 \times 10^{-3}$ m，$p_0 = 7$，$F_z = 3.5$

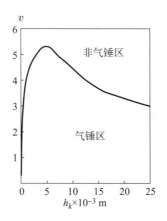

图 6.14　具不同腔室容积空气浮环的气锤区域

$r_d = 0.15 \times 10^{-3}$ m，$r_0 = 1.0 \times 10^{-3}$ m，$p_0 = 7$，$F_z = 3.5$

　　图 6.15 给出了 $h_k = 2.5$ mm 时空气浮环的载荷幅度变化 10%，3 种不同质量轴颈（20 kg、75 kg 和 450 kg）的运动阶跃响应。轴颈质量增大到 75 kg 时会导致振动频率降低为原来的 $1/2$（$\nu = 5.2$），且衰减速度变慢。当振动频率进一步减小到 $\nu = 2.1$（$m_r^* = 450$ kg）时，

出现自由振动幅值增加的经典气锤现象。

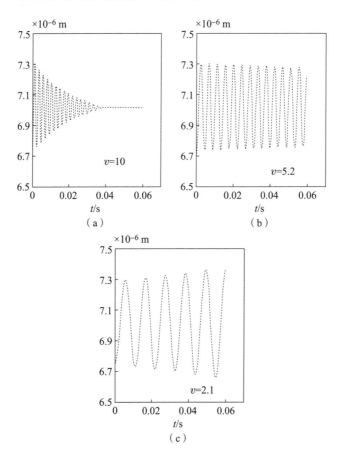

图 6.15　系统的自由振动

（a）气锤区域之外；（b）气锤区域边界附近；（c）气锤区域内

6.2.2　空气浮环的刚度系数和阻尼系数

下面介绍空气浮环的参数对刚度系数和阻尼系数的影响。

首先是腔室容积 V 对刚度和阻尼系数的影响。假设供气孔半径 $r_{02}=1.0\times10^{-3}$ m，节流孔半径 $r_d=0.15\times10^{-3}$ m。腔室容积与腔室高度 h_k 成比例。图 6.16（a）显示了供气压力 $p_0=7$，不同的腔室高度（$h_k=0.000\,25$ m，$0.002\,5$ m，0.025 m，0.075 m，0.225 m），

C_{11} 和 K_{11} 随振动频率 ν 的变化趋势。

当 h_k 值较小时（如 $h_k = 0.000\ 25$ m），阻尼系数为较小的正数（$C_{11} < 0.15$），刚度系数相对较大（$K_{11} \approx 17$）。随着腔室容积的增大（对于 $h_k = 0.002\ 5$ m 的情况），当 ν 值很小时出现气锤现象。另外，C_{11} 的增加导致发生气锤现象的频率区域降到转子固有频率之下。另外，刚度系数 K_{11} 明显减小。以上这些影响，使得在 $\nu \approx 4 \sim 5$，$C_{11} \approx 0.8$ 和 $K_{11} \approx 7$ 时，系统处于恒稳环范围内（见图 5.7）。

对于供气压力较低的空气浮环，C_{11} 和 K_{11} 也有类似现象〔见图 6.16（b），$p_0 = 4$〕。此时阻尼系数的值比 $p_0 = 7$ 时几乎大 2 倍，C_{11} 的极值对应的频率略低于振动频率 ν。

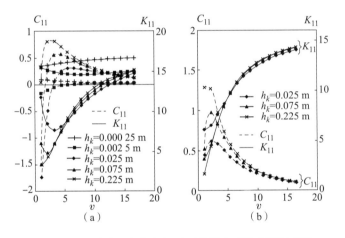

图 6.16　不同腔室容积空气浮环的刚度系数和阻尼系数

（a）$p_0 = 7$；（b）$p_0 = 4$

$r_d = 0.15 \times 10^{-3}$ m，$r_0 = 1.0 \times 10^{-3}$ m，$p_0 = 7$，$F_z = 3.5$

供气孔半径 r_{02}（$r_d = 0.15$ mm，$h_k = 0.15$ m）在不同供气压力下（$p_0 = 4$，5.5 和 7）对刚度系数和阻尼系数的影响规律如图 6.17 所示。从 $r_{02} = r_d = 0.15$ mm 开始，阻尼系数随着供气孔半径的增大而增加（气锤区域除外）。此外，r_{02} 的增大会使刚度系数 K_{11} 值显著减小。

图 6.17（c）给出了直接供气系统空气浮环的 C_{11} 和 K_{11} 特性

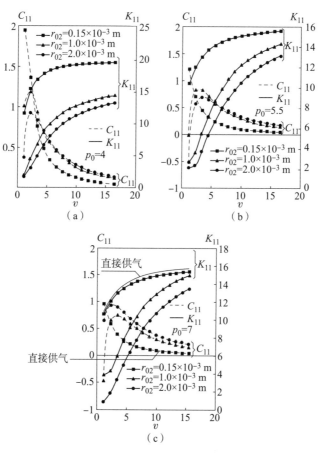

图 6.17　不同供气压力空气浮环的刚度系数和阻尼系数

（a）$p_0 = 4$；（b）$p_0 = 5.5$；（c）$p_0 = 7$

$r_d = 0.15 \times 10^{-3}$ m，$h_k = 0.15$ m，$F_z = 3.5$

（引自图 6.2 和图 6.3，$R_2 = 0.065$ m，$c_2 = 30 \times 10^{-6}$ m，$r_{02} = 0.15 \times 10^{-3}$ m），标记为细虚线。从 $r_{02} = r_d = 0.15 \times 10^{-3}$ m 开始，阻尼系数随着供气孔半径的增大而增加（气锤区域除外）。对于直接供气系统的空气浮环，每个供气孔有相同压力 $p_0 = 7$，而在腔室供气系统每个腔室内周围的压力是不同的。图 6.18 给出了在平衡位置时，对于不同的 r_{02} 值空气浮环各腔室内压力 p_1 的分布。空气浮环所受载荷 F_z 会使轴瓦在腔室 1 方向上产生一定位移。当供气孔 1 被轴瓦阻挡时，

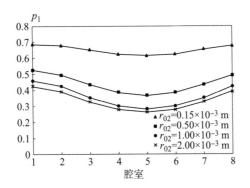

图 6.18　腔室内压力 p_1 的静态分布

$r_d = 0.15 \times 10^{-3}$ m

来自该腔室的空气质量流量 $\dot{m}_k$ 最小，因而腔室 1 内的压力 p_1 也最高，而腔室 5 中的情况则截然不同。

由于轴瓦距离腔室 5 最远，使得来自该腔室的空气质量流量最高，因而其压力 p_1 也最低。当 $r_{02} = 0.15 \times 10^{-3}$ m 时，腔室内压力接近供气压力 $p_0 = 7$，并随着 r_{02} 增大，腔室内压力迅速降低。这种增大阻尼系数 C_{11} 同时降低刚度系数 K_{11} 的现象有利于系统稳定。如图 6.17（c）所示，对于 $r_{02} = 2.0 \times 10^{-3}$ m 和 $\nu \approx 4 \sim 5$ 的工况，$C_{11} \approx 0.9$ 和 $K_{11} \approx 4$ 的参数组合能确保静压轴承和动压轴承支承的转子均可静态运行。

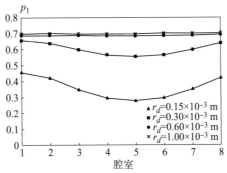

图 6.19　腔室内静压 p_1 的分布

$r_{02} = 1.0 \times 10^{-3}$ m

空气供气孔的半径 r_d 也会影响 C_{11} 和 K_{11}，图6.19显示了当 $r_{02} = 1.0 \times 10^{-3}$ mm，$h_k = 0.15$ m，$c_2 = 0.03 \times 10^{-3}$ m 时，孔半径分别取值 $r_d = 0.15 \times 10^{-3}$ m，0.3×10^{-3} m，0.6×10^{-3} m，1.0×10^{-3} m 对空气浮环压力 p_1 的影响。由图6.20可见，当孔半径 r_d 增大到 r_{02} 时，腔室中的压力更接近供气压力 $p_0 = 7$。对于 $r_d = r_{02} = 1.0 \times 10^{-3}$ m，空气浮环的刚度系数和阻尼系数值与 $r_{02} = 1.0 \times 10^{-3}$ m 的直接进气系统空气浮环的刚度和阻尼系数相同。r_d 的减小会使得阻尼系数略微减少，尤其是在气锤区域。但重要的是，半径 r_d 的减小会使刚度系数 K_{11} 显著减小，向有利于系统稳定的方向发展，使系统参数处于恒稳环范围内。

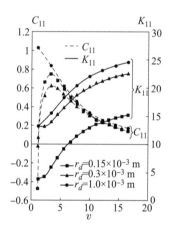

图6.20　不同孔半径 r_d 时环的刚度系数和阻尼系数

$p_0 = 7$，$r_{02} = 1.0 \times 10^{-3}$ m，$h_k = 0.15$ m，$F_z = 3.5$

图6.21给出了3种供气压力下 C_{11} 和 K_{11} 的对比曲线。当 $r_d = 0.15 \times 10^{-3}$ m，$r_{02} = 1 \times 10^{-3}$ m，$h_k = 0.225$ m 时，压力 p_0 变化对刚度系数 K_{11} 和阻尼系数 C_{11} 影响不大。只有在气锤区域附近，较低的压力才会在较低频率处出现气锤现象。例如，当振动频率 $\nu = 1.5$，供气压力 $p_0 = 4$ 时阻尼系数 $C_{11} = 1.3$ 处；供气压力 $p_0 = 7$ 时，阻尼系数 $C_{11} = 0.8$ 处。

另一个影响刚度系数和阻尼系数的参数是半径间隙 c_2。图6.22

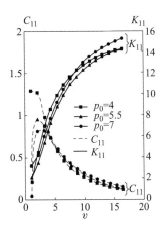

图 6.21 空气浮环的刚度和阻尼系数

$r_d = 0.15 \times 10^{-3}$ m, $r_{02} = 1.0 \times 10^{-3}$ m, $h_k = 0.225$ m, $F_z = 3.5$

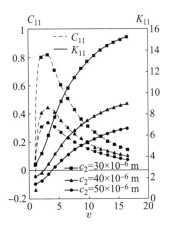

图 6.22 对于不同的轴承半径间隙 c_2, 空气浮环的
刚度系数和阻尼系数

$p_0 = 7$, $r_d = 0.15 \times 10^{-3}$ m, $r_{02} = 1.0 \times 10^{-3}$ m,

$h_k = 0.225$ m, $F_z = 3.5$

给出了当 $r_d = 0.15 \times 10^{-3}$ m, $r_{02} = 1.0 \times 10^{-3}$ m, $h_k = 0.225$ m 时, $c_2 = 30 \times 10^{-6}$ m, 40×10^{-6} m 和 50×10^{-6} m 3 个不同值下空气浮环的刚度系数和阻尼系数, 半径间隙的增加会使阻尼系数 (不利地) 减小和刚度系数 (有利地) 减小。对于空气浮环 - 轴承 - 转子系统,

最小的半径间隙值 $c_2 = 30 \times 10^{-3}$ m 是最佳选择。

图 6.23 给出了在两种不同压力下：$p_0 = 4$［图 6.23（a）］和 $p_0 = 7$［图 6.23（b）］，轴承刚度系数和阻尼系数随着静态载荷 F_z 的变化趋势。在气锤区域附近，两种供气压力下增大载荷力 F_z 时会使刚度系数和阻尼系数均增大。

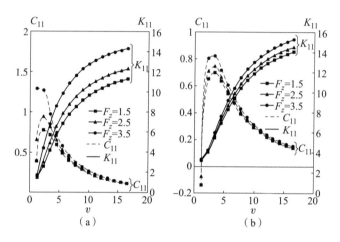

图 6.23　不同轴承静态载荷 F_z 下空气浮环的刚度和阻尼系数

（a）$p_0 = 4$；（b）$p_0 = 7$

$r_d = 0.15 \times 10^{-3}$ m，$r_{02} = 1.0 \times 10^{-3}$ m，$h_k = 0.225$ m，$c_2 = 30.0 \times 10^{-6}$ m

第 7 章

空气浮环 – 轴承 – 转子
系统的稳定性（实例）

当定义不稳定区域的边界时，要解决的主要问题是根据所需的 C_p 和 K_p 值来设计支承，为此本书提出了一个环绕轴瓦的外部气环结构。

在第 6 章中，图 6.9 所示的各种空气浮环中，带腔室供气系统的空气浮环是最佳选择，其基本参数如下：

$L = 0.11$ m，$R_2 = 0.065$ m，$c_2 = 30 \times 10^{-6}$ m，$p_0^* = 0.7 \times 10^6$ Pa

供气系统由 16 个供气孔（两排，每排 8 个）组成，腔室容积为 $V = \pi r_{02}^2 h_{k2}$，假设腔室高度 $h_k = 0.15$ m。

作用在轴瓦上的外部载荷增大会引起空气浮环载荷分量的动态增量，其增量和轴瓦位移之间的近似线性关系如下：

$$\begin{Bmatrix} \delta F_{zx} \\ \delta F_{zy} \end{Bmatrix} = \begin{bmatrix} C_{11} & C_{12} \\ C_{21} & C_{22} \end{bmatrix} \begin{Bmatrix} \dot{x} \\ \dot{y} \end{Bmatrix} + \begin{bmatrix} K_{11} & K_{12} \\ K_{21} & K_{22} \end{bmatrix} \begin{Bmatrix} x \\ y \end{Bmatrix} \tag{7.1}$$

在数学模型中，由于轴瓦对轴承座的偏心率不超过 $\varepsilon = 0.25$，主刚度系数和阻尼系数的值大致相同，即 $K_{11} \approx K_{22}$，$C_{11} \approx C_{22}$。因为轴瓦不旋转，所以交叉耦合系数 C_{12}、C_{21}、K_{12}、K_{21} 的值较小，可以忽略，可将式（7.1）简化为

$$\begin{Bmatrix} \delta F_{zx} \\ \delta F_{zy} \end{Bmatrix} \approx \begin{bmatrix} C_p & 0 \\ 0 & C_p \end{bmatrix} \begin{Bmatrix} \dot{x} \\ \dot{y} \end{Bmatrix} + \begin{bmatrix} K_p & 0 \\ 0 & K_p \end{bmatrix} \begin{Bmatrix} x \\ y \end{Bmatrix} \tag{7.2}$$

在确定空气浮环刚度系数和阻尼系数的最优值时，可以考虑此前轴瓦支承所用的线性弹簧 K_p 和黏滞阻尼 C_p。

图 6.16 和图 6.17 给出了空气浮环的主刚度系数和阻尼系数。与线性弹簧和黏滞阻尼组成的理想支承结构相反，空气浮环的刚度系数和阻尼系数取决于轴瓦的振动频率：阻尼系数通常随着振动频率增大而减小，而刚度系数值则随之增大。稍后将给出数值模拟的算例，涉及具有腔室供气系统的气体轴承支承转子的稳定性，该轴承中的连接轴瓦由两个浮环支承。

7.1 实 例 1

在此实例中，转子参数：质量 $m = 0.42$，惯性力矩 $B = 42$，轴承间距为 $2l = 34.6$。

由基座相连的轴瓦参数：质量 $m_p = 0.12$，惯性力矩 $B_p = 36$，弹簧和阻尼器之间的距离为 $2l_K = 2l_C = 2l$。转子采用静压轴承支承：长度 $L = 0.11$ m，半径 $R_1 = 0.055$ m，半径间隙 $c_1 = 30 \times 10^{-6}$ m。轴承的供气系统由 16 个半径为 $r_{01} = 1.0 \times 10^{-3}$ m 的供气孔组成，供气孔有两排，分别位于轴承长度方向的 1/4 和 3/4 处，供气压力为 $p_0^* = 0.7$ MPa。转子的载荷为 $2F_z = 7$。

图 7.1 和图 7.2 给出了 3 个刚度系数 $K_p = 4$，8，16，不同阻尼系数 C_p 值时系统的稳定性图谱。图 7.1 给出了圆柱涡动的自激振动区域（阴影线），图 7.2 所示了圆锥涡动的自激振动区域。

当轴承轴瓦由空气浮环（$r_d = 0.15 \times 10^{-3}$ m，$h_k = 0.25$ mm）支承时，刚度系数 $K_{11} \approx 16$，阻尼系数 $C_{11} \approx 0.06$ ［图 6.16（a）］。从图 7.1 和图 7.2 可以看出，对于转速 $\Lambda \approx 5$ 时 K_p 和 C_p，圆柱涡动将出现自激振动。由图 7.3（a）可见，当系统的弹簧 K_p 和阻尼 C_p 代

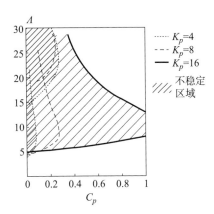

图 7.1　带弹簧和阻尼轴瓦的
气体轴承－转子的稳定
性图谱——圆柱涡动

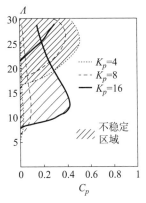

图 7.2　带弹簧和阻尼轴瓦的
气体轴承－转子的稳定
性图谱——圆锥涡动

119

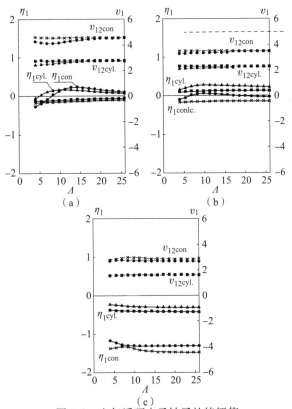

图 7.3　空气浮环支承转子的特征值

（a）$h_k = 0.000\,75$ m；（b）$h_k = 0.025$ m；（c）$h_k = 0.225$ m

$r_d = 0.15 \times 10^{-3}$ m

替空气浮环时，系统的 4 个基本特征值的实部（η_i）和虚部（ν_i）：在 $\Lambda \approx 5$ 时，实部 $\eta_{1\mathrm{cyl}}$ 从负变为正，即变得不稳定。另外，如有可能增加 Λ（在不破坏轴承的情况下），在 $\Lambda \approx 8$ 时圆锥涡动也会变得不稳定（对应 $\eta_{1\mathrm{con}}$ 变为正值）。

当腔室的容积（$h_k = 0.025$ m）增加时，系统的圆柱和圆锥涡动范围为 $2 < \nu < 3.5$。这意味着［图 6.16（a）］刚度系数 $K_{11} \approx 8$ 和阻尼系数 C_{11} 为负数。如图 7.3（b）所示，该系统出现气锤现象且圆柱涡动的实部 $\eta_{1\mathrm{cyl}}$、$\eta_{2\mathrm{cyl}}$ 在不同 Λ 都为正值。

当 $h_k = 0.225$ m 时，空气浮环设计较为合理。此时系统的圆柱和圆锥涡动范围为 $1.7 < \nu < 3$，此时［图 6.16（a）］刚度系数 $K_{11} \approx 4$，阻尼系数 $C_{11} \approx 0.8$。当 $K_p = 4$ 和 $C_p = 0.8$ 时，在图 7.1 和图 7.2 中均未发现不稳定区域。这在图 7.3 中也得到了证实：4 个基本特征值的实部均为负，这意味着已经消除了系统的自激振动。

7.2　实　例　2

在此实例中，我们介绍转子的稳定性问题，其参数：质量 $m = 0.42$，惯性力矩 $B = 126$，轴承距离 $2l = 34.6$。

由基座连接轴瓦的参数为：$m_p = 0.12$，惯性力矩 $B_p = 36$，弹簧和阻尼距离为 $2l_K = 2l_C = 2l$。

动压轴承的参数：长度 $L = 0.11$ m，半径 $R_1 = 0.055$ m，径向间隙 $c_1 = 30 \times 10^{-6}$ m。与实例 1 中一样，转子的载荷为 $2F_z = 7$。

图 7.4 给出了 2 个不同刚度系数 $K_p = 5$ 和 16，不同阻尼系数 C_p 时系统的稳定性图谱。本实例 2 中，我们选择的转子参数使得圆柱模式和圆锥涡动下系统具有相同的特征值。从图 7.4 可以看出，当刚度系数 $K_p = 16$，对于任意阻尼系数 C_p，小刚度系数对应更大的不稳定区域。如果取 $h_k = 0.15$ m 和 $r_d = 1.0 \times 10^{-3}$ m（当 $r_d = r_{02}$ 即近似于直接供气系统）的腔室，那么空气浮环的主刚度系数 $K_{11} \approx 16$，阻

尼系数 $C_{11} \approx 0.9$（对应图 6.20 的 $\nu \approx 2.7$）。如图 7.4 所示，对于 $\Lambda \approx 5$ 时 $K_p = 16$ 和 $C_p = 0.9$，系统将出现 Hopf 分岔，而在 $\Lambda \approx 14$ 时，系统出现反向 Hopf 分岔。图 7.5（a）给出了最小的特征值的实部 η_1 在 $\Lambda \approx 5$ 变为正值，而后在 $\Lambda \approx 15$ 变为负值。

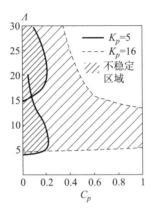

图 7.4　安装弹簧和阻尼器轴瓦的空气轴承支承
转子的稳定性图谱；圆柱涡动 = 圆锥涡动

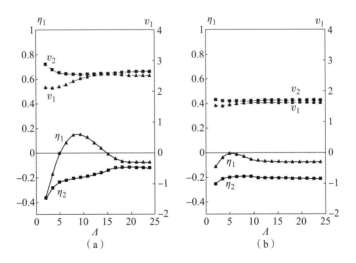

图 7.5　空气浮环轴瓦支承转子的特征值

（a）$r_d = 1.0 \times 10^{-3}$ m；（b）$r_d = 0.15 \times 10^{-3}$ m

$\lambda_i = \eta_i + j\nu_i$，$r_{02} = 1.0 \times 10^{-3}$ m，$h_k = 0.15$ m

将节流孔半径 $r_d = 1.0 \times 10^{-3}$ m 改变为 $r_d = 0.15 \times 10^{-3}$ m（不同于实例 1 中改变腔室容积），可消除自激振动。此时，K_{11} 从 16 降到了 5，C_{11} 从 0.9 降到了 0.75（对应图 6.20 的 $\nu \approx 1.7$）。对于这组 K_p 和 C_p 值，图 7.4 中不存在不稳定区域，在图 7.5（b）也能看到确实消除了 Hopf 分岔：在整个转速 $\varLambda$ 取值范围内，特征值的实部均为负值。

图 7.6 给出了与轴颈和轴瓦共面 F_z 作用下，轴颈（x_c：实线）和轴瓦（x_p：虚线）的振幅随着转速 $\varLambda$ 的变化趋势。当 $r_d = 1.0 \times 10^{-3}$ m [图 7.6（a）] 时，在 $7.5 < \varLambda < 12$ 范围内轴颈的自激振动振幅超过了轴承半径间隙和轴颈－轴瓦偏心率允许的最大值。当 $r_d = 0.15 \times 10^{-3}$ m [图 7.6（b）] 时，轴瓦只出现了不平衡振动和共振，而没有出现自激振动。

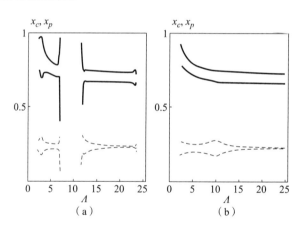

图 7.6　与转子（实线）和轴瓦（虚线）共面的 F_z 作用下
的不平衡和自激振动振幅随 $\varLambda$ 的变化趋势
（a）$r_d = 1.0 \times 10^{-3}$ m；（b）$r_d = 0.15 \times 10^{-3}$ m

图 7.7 给出了系统在 $\varLambda = 21$ 时（当 $r_d = 1.0 \times 10^{-3}$ m 时在不稳定区域之上）在载荷力从 7 升为 12 后的瞬态阶跃行为。当 $r_d = 1.0 \times 10^{-3}$ m 时，载荷阶跃变化导致的自由振动衰减比 $r_d = 0.15 \times 10^{-3}$ m 的自由振动衰减更慢，这是使用小孔空气浮环的另一个优点。

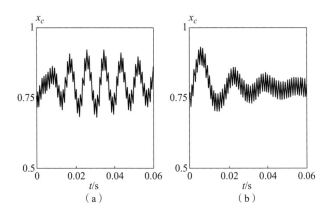

图 7.7　$\Lambda = 21$ 时载荷阶跃变化后转子的动态行为

（a）$r_d = 1.0 \times 10^{-3}$ m；（b）$r_d = 0.15 \times 10^{-3}$ m

7.3　实　例　3

在本实例的稳定性问题中，转子和轴瓦的参数与实例 2 中相同，轴承参数也相同：长度 $L = 0.11$ m，半径 $R_1 = 0.055$ m，半径间隙 $c_1 = 30 \times 10^{-6}$ m。但是这次我们采用带直接供气系统的静压轴承。如在实例 1 和 2 中那样，转子载荷为 $2F_z = 7$。

图 7.8 给出了 2 个不同刚度系数 K_p 值、不同阻尼系数 C_p 值时系

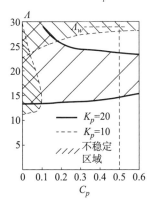

图 7.8　安装弹簧和阻尼器轴瓦空气

轴承支承转子的稳定性图谱

统的稳定性图谱。假设转子运行转速为 Λ_w。当 $C_p = 0.5$ 时，$K_p = 10$ 时系统在 Λ_w 转速时运行不稳定，$K_p = 20$ 时系统在 Λ_w 转速时运行稳定，但由于低于 Λ_w 时系统不稳定，系统无法达到转速 Λ_w。在 $\Lambda = \Lambda_1 = 10$ 时将刚度系数从 $K_p = 20$ 改为 $K_p = 10$，在 $\Lambda = \Lambda_2 = 25$ 时再次将刚度系数从 $K_p = 10$ 改回 $K_p = 20$，可以解决这一问题。此时弹性支承的阻尼系数 C_p 仍然等于 0.5。

轴承轴瓦弹性支承的刚度系数 K_p 是可以改变的，它可以设计为节流孔半径为 $r_{d1} = 0.15 \times 10^{-3}$ m 或 $r_{d2} = 1.0 \times 10^{-3}$ m 的空气浮环。

图 7.9 给出了带空气浮环系统的（可能有自激振动现象）特征值的实部（η_i）和虚部（ν_i）。图 7.9（a）中（$r_d = r_{d1}$），在 $\Lambda \approx 29$

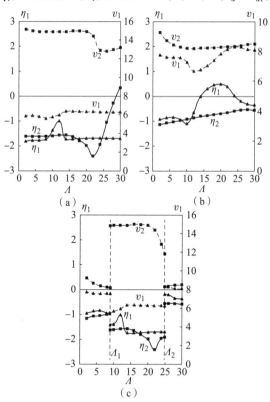

图 7.9　带有空气浮环支承轴瓦转子的特征值

（a）$r_d = 0.15 \times 10^{-3}$ m；（b）$r_d = 1.0 \times 10^{-3}$；（c）可控半径

$r_{02} = 1.0 \times 10^{-3}$ m，$h_k = 0.15$ m

时实部 η_2 为正，在 Λ_w 运行工况系统不稳定。在图 7.9（b）中（$r_d = r_{d2}$），在 $14 < \Lambda < 23$ 范围内实部 η_1 为正，对应于图 7.8 中 $K_p = 20$ 的阴影不稳定区域。如果在 Λ_1 处我们暂时将孔的半径从 r_{d2} 变为 r_{d1}［图 7.9（c）］，然后在 Λ_2 处将半径从 r_{d1} 变回 r_{d2}，就可以将 η_1 和 η_2 在整个转速 Λ 范围内都保持为负数。

图 7.10 给出了系统空气浮环的可控主刚度和阻尼系数，其中 r_d 的切换会引起系数的变化。可见，空气浮环的阻尼系数 C_{11} 和 C_{22} 可近似地视为 $C_p \approx 0.5$，并且对于 $r_{d1} = 0.15 \times 10^{-3}$ m，刚度系数 K_{11} 和 K_{22} 可近似等于 $K_p \approx 10$；对于 $r_{d2} = 1.0 \times 10^{-3}$ m，刚度系数 K_{11} 和 K_{22} 可近似等于 $K_p = 20$，如图 7.8 中的稳定性图谱所示。

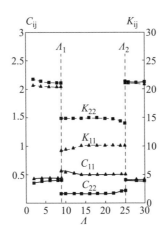

图 7.10　可控系统的空气浮环的
刚度系数和阻尼系数

图 7.11（a）给出了与转子和轴孔共面的 F_z 作用下，转子（实线）和轴瓦（虚线）振动的无量纲振幅随转速 Λ 的变化趋势。供气孔的半径为 r_{d1}。在这种情况下，根据图 7.8，在 $\Lambda < 28$ 时仅出现了小的不平衡振动，但系统在 $\Lambda = 28$ 时经历 Hopf 分岔并且发生自激振动，振幅迅速增长直到接近运行速度 Λ_w，当 $\Lambda = \Lambda_w$ 时系统不稳定。与之相反，对于半径 r_{d2}，转子在 $\Lambda = \Lambda_w$ 时是稳定的［图 7.11（b）］，但是低于该速度时（例如 $\Lambda \approx 14$ 时）转子发生 Hopf 分岔，并且在

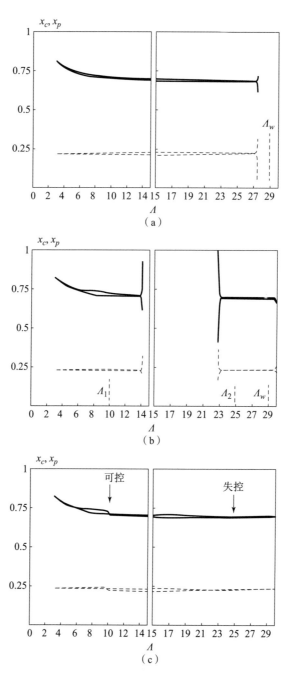

图 7.11 与转子和轴孔共面的 F_z 作用下转子

（实线）和轴瓦（虚线）的振幅随转速 Λ 的变化趋势

（a） $r_d = 0.15 \times 10^{-3}$ m；（b） $r_d = 1.0 \times 10^{-3}$ m；（c） 可控半径

$\Lambda \approx 23$ 时发生反向 Hopf 分岔。要想通过 $14 < \Lambda < 23$ 这个大的不稳定区域，轴颈、轴瓦和壳体之间很难避免破坏性的撞击。在可控系统中，即具有双腔室空气浮环的供气系统，当 Λ 值较小的时候我们使用孔 r_{d1}，然后当 $\Lambda_1 = 10$ 时在自激振动出现之前将供气半径 r_{d1} 切换为 r_{d2} ［控制开始，参见图 7.11（c）］并通过不稳定区域，最后在 $\Lambda = 25$ 时再次切换回 r_{d1}（控制结束），安全到达运行速度 Λ_w。可见，在这种情况下系统仅出现了小的不平衡振动，而不是自激振动。

7.4　实　例　4

图 7.12 给出了对称转子的 8 个特征值（$\lambda_i = \eta_i + j\nu_i$）的实部（$\eta_i$）和虚部（$\nu_i$），系统无量纲参数如下：$m = 0.42$，$B = 14$，$m_p = 0.12$，$B_p = 12$，$l = 10$，并有：

- 圆柱涡动 $m_r = 0.21$，$m_{pr} = 0.06$；
- 圆锥涡动 $m_r = 0.07$，$m_{pr} = 0.06$。

转子采用 $h_{k2} = 0.002\ 5$ m 的腔室供气系统轴承支承，轴瓦安装

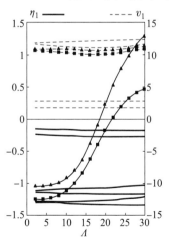

图 7.12　带空气浮环系统的特征值

$$h_k = 0.002\ 5\ \text{m},\ m_{pr} = 0.06$$

在空气浮环内，其供气系统的供气孔半径为 $r_{02} = 1.0 \times 10^{-3}$ m。

系统的 4 个特征值的虚部（固有频率）ν_i 较小，范围在 1.7 ~ 2.8 内。特征值与简化系统的轴颈和轴瓦的振动相位几乎是同步的。这 4 个特征值的实部在整个转速 Λ 范围内都为负值，这是因为在这种小频率的振动过程中，空气浮环的主刚度系数为 $K_p \approx 4$ ~ 5，而阻尼系数为 $C_p \approx 0.4$ ~ 0.8（参见图 6.16）。基于图 6.12，可以说当 $K_{pz} = 4$ 时实际上不存在更低频率的不稳定区域（同相运动）。

对应于其他 4 个虚部值较大（$\nu_i = 10$ ~ 12）的特征值，简化系统中轴颈和轴瓦的振动几乎反相。其中 2 个特征值标记如下：▲（圆锥涡动），■（圆柱涡动）。在高频率振动时，空气浮环的刚度系数增加到 $K_p = 13$ ~ 14，而阻尼系数减小到 $C_p = 0.25$ ~ 0.3。这意味着（参见图 6.12）系统以足够高的 Λ 进入了第二个（更高）不稳定区域，即 $\Lambda = 18$ 时圆锥涡动 [$m_r = 0.07$，图 6.12（b）] 和 $\Lambda = 21$ 时圆柱涡动 [$m_r = 0.21$，图 6.12（a）]。此时转子临界转速显著增加（对于刚性支承的轴瓦，圆柱涡动时 $\Lambda = 2$，圆锥涡动时 $\Lambda = 4.5$；参见图 6.3），但自激振动尚未消除。

通过减小轴承腔室的容积可以改善这种情况。图 7.13 给出了腔室高度从 $h_{k2} = 0.002\,5$ m 降到 $h_{k2} = 0.000\,25$ m 后系统的特征值。在转速 Λ 范围内，圆柱涡动（$m_r = 0.2$）的特征值（标记为■）实部为负。轴承与空气浮环之间距离的进一步减小，使得圆锥涡动的等效质量增加，最终可以消除自激振动。图 7.13 所给出的结果可通过 $m_r = 0.21$ 和 $m_r = 0.07$（$h_{k1} = 0.000\,8$ m）简化系统的运动仿真验证。

从图 7.14（a）中可见，当 $m_r = 0.21$ 时只有轴颈不平衡引起的振动（在 $\Lambda = 10$ 附近存在同步共振）。当 $m_r = 0.07$ [图 7.14（b）]，在 $\Lambda = 24$ 时，系统失去稳定性且存在超临界的 Hopf 分岔。振幅的急剧加大会导致系统遭到破坏。在无法减小支承间距时，可以通过减小轴瓦的质量来达到消除自激振动：图 7.15 显示了轴瓦质量减小 1/

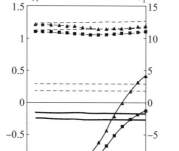

图 7.13 带空气浮环系统的特征值

$h_k = 0.000\,8$ m，$m_{pr} = 0.06$

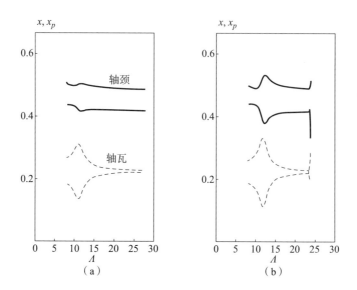

图 7.14 简化系统的涡动的振幅

（a）圆柱（$m_r = 0.21$）；（b）圆锥（$m_r = 0.07$）

$h_k = 0.000\,8$ m

3（从 0.06 到 0.04），$h_k = 0.000\,8$ m 时系统的特征值。在整个转速 Λ 范围内，所有特征值的实部均为负值。

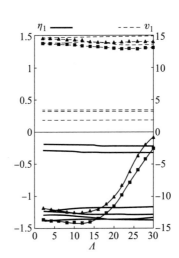

图 7.15　带空气浮环系统的特征值

$h_k = 0.000\ 8\ \mathrm{m}$, $m_{pr} = 0.04$

参考文献

[1] Ausman J. S. : An Improved Analytical Solution for Self-Acting Gas-Lubricated Journal Bearings of Finite Length. *Trans. ASME*, *J. of Basic Engineering*, **83**, 1963, 188 – 194.

[2] Ausman J. S. : Linearized pH Stability Theory for Translatory Half-Speed Whirl of Long, Self-Acting Gas-Lubricated Journal Bearings. *Trans. ASME*, *J. of Basic Engineering*, **85**, 1965, 611 – 619.

[3] Blondeel E. , Snoeys R. , Devriezel L. : Dynamic Stability of Externally Pressurized Gas Bearings, *Trans. ASME*, *J. of Lubrication Technology*, **102**, 1980, 511 – 519.

[4] Boffey D. A. : A Study of the Stability on an Externally Pressurized Gas-Lubricated Thrust Bearing with a Flexible Damped Support, *Trans. ASME*, *J. of Lubrication Technology*, **100**, 1978, 364 – 368.

[5] Brzeski L. , Kazimierski Z. : High Stiffness Bearing, *Trans. ASME*, *J. of Lubrication Technology*, **101**, 1979, 520 – 525.

[6] Carfagno S. P. , McCabe J. T. : Summary of Investigations of

Entrance Effects in Circular Thrust Bearing, Interim. Report I – 2049 – 24, Franklin Institute Laboratory for Research, Philadelphia, 1966.

[7] Castelli V. , Elrod H. G. : Solution of the Stability Problem of 360 Degree Self-Acting Gas-Lubricated Bearings. *Trans. ASME*, *J. of Basic Engineering*, **85**, 1965, 199 – 212.

[8] Castelli V. , McCabe J. T. : Transient Dynamics of a Titling Pad Gas Bearing System. *Trans. ASME*, *J. of Lubrication Technology*, **89**, 1967, 499 – 509.

[9] Castelli V. , Pirvics J. : Review of Numerical Methods in Gas Bearing Film Analysis. *Trans. ASME*, *J. of Lubrication Technology*, **90**, 1968, 777 – 792.

[10] Castelli V. , Stevenson C. H. : Semi-Implicit Numerical Methods for Treating the Time-Transient Gas-Lubrication Equation. *ASME*, Paper No. 67 – Lub – 18, 1967.

[11] Cheng H. S. , Pan C. H. T. : Stability Analysis of Gas Lubricated, Self Acting Plain Cylindrical Journal Bearings of Finite Length, Using Galerkin's Method. *Trans. ASME*, *J. of Basic Engineering*, **85**, 1965, 185 – 192.

[12] Chu T. Y. , McCabe J. T. , Elrod H. G. : Stability Considerations for a Gas-Lubricated Tilting-Pad Journal Bearing. *Trans. ASME*, *J of Lubrication Technology*, **90**, 1968, 162 – 172.

[13] Czolczynski K: High Stiffness Gas Journal Bearings in Grinding Machines. *Machine Dynamics Problems*, **5**, 1993, 65 – 87.

[14] Czolczynski K: Hopf Bifurcation in Gas Journal Bearings. *Trans. ASME*, *Applied Mechanics Reviews*, **46**, 7, 1993, 392 – 399.

[15] Czolczynski K. : How to Obtain Stiffness and Damping Coefficients of Gas Bearings. *Wear*, **201**, 1996, 265 – 275.

［16］ Czolczynski K. : Stability of High Stiffness Gas Journal Bearing, *Wear*, **172**, 1994, 175 – 183.

［17］ Czolczynski K. , Brzeski L. , Kazimierski Z. : High Stiffness Gas Journal Bearing under the Step Force. *Wear*, **167**, 1993, 49 – 58.

［18］ Czolczynski K. , Kapitaniak T. , Marynowski K. : Stability of Rotors Supported in Gas Bearings with Bushes Mounted in Air Rings. *Wear*, **199**, 1996, 100 – 112.

［19］ Czolczynski K. , Marynowski K. : How to Avoid Self-Excited Vibrations in Symmetrical Rotors Supported in Gas Journal Bearings. *Machine Dynamics Problems*, **15**, 1996, 7 – 20.

［20］ Czolczynski K, Marynowski K. : Stability of Symmetrical Rotor Supported in Flexibly Mounted, Self-Acting Gas Journal Bearings. *Wear*, **199**, 1996, 100 – 112.

［21］ Czolczynski K. , Marynowski K. : Stability of Unsymmetrical Rotor Supported in Gas Journal Bearings. *Machine Vibration*, **5**, 1996, 8 – 17.

［22］ Dimofte F. : Effect of Fluid Compressibility on Journal Bearing Performance. *Tribology Transactions*, **36**, 1993, 341 – 350.

［23］ Dragoni E. , Strozzi A. : Analysis of an Unpressurized Lateral Restrained, Elastomeric O-Ring. *Trans. ASME, J of Tribology*, **110**, 1988, 193 – 199.

［24］ Dudgeon E. H. , Lowe I. R. G. : *Report MT – 54*, National Research Council of Canada, Ottawa, 1965.

［25］ Elrod H. G. , Glanfield G. A. : Computer Procedures for the Design of Flexibly Mounted, Externally Pressurized, Gas Lubricated Bearings, *Proc. Gas Bearing Symp.* , University of Southampton, 1971, Paper 22.

［26］ Elrod H. G. , McCabe J. T. , Chu T. Y. : Determination of Gas-

133

Bearing Stability by Response to a Step-Jump. *Trans. ASME, J. of Lubrication Technology*, **89**, 1967, 493 – 498.

[27] Etison I. , Green I. : Dynamic Analysis of a Cantilever-Mounted Gas-Lubricated Thrust Bearing. *Trans. ASME, J. of Lubrication Technology*, **103**, 1981, 157 – 163.

[28] Fuller D. D. : A Review of the State-of-the-Art for Design of Self-Acting Gas-Lubricated Bearings, *Trans ASME, J. of Lubrication Technology*, **91**, 1969, 1 – 16.

[29] George A. F. , Strozzi A. , Rich J. I. : Stress Fields in Compress: Unconstrained Elastomeric O-Ring Seals and a Comparison of Computer Predictions with Experimental Results. *Tribology International*, **20**, 1987, 230 – 247.

[30] Green J. , English C. : Analysis of Elastomeric O-Ring Seals in Compression Using the Finite Element Method. *Tribology Transactions*, **35**, 1, 1992, 83 – 88.

[31] Guha S. K. , Rao N. S. , Majumdar B. C. : Study of Conical Whirl Instability of Self-Acting Porous Gas Journal Bearings Considering Tangential Velocity Slip, *Trans. ASME, J. of Tribology*, **110**, 1988, 139 – 143.

[32] Hsiao-Cho K. : A Theory of Self-Acting, Gas-Lubricated Bearings with Heat Transfer through Surfaces. *Trans. ASME, J. of Basic Engineering*, **83**, 1963, 324 – 328.

[33] Janenko N. N. : Metod drobnych šagov rešenija zadač matematičeskoj fiziki. Izdatielstwo "Nauka," Novosybirsk, 1967 (in Russian) .

[34] Kazimierski Z. , Dzięcioł A. , Trojnarski J. : Obliczenia łozysk gazowych zewnętrznie zasilanych i porównanie wyników z eksperymentem. *Archiwum Budowy Maszyn*, **24** (3), 1977 (in

Polish).

[35] Kazimierski Z. , Jarzecki K. : Stability Threshold of Flexibly Supported Hybrid Gas Journal Bearings. *Trans. ASME*, *J. of Lubrication Technology*, **101**, 1979, 451 – 457.

[36] Kazimierski Z. , Krysiński J. : Łozyskowanie gazowe i napędy mikro-turbinowe, WNT, Warszawa, 1981 (in Polish).

[37] Kazimierski Z. , Trojnarski J. : Investigations of Externally Pressurized Gas Bearings with Different Feeding Systems, *Trans. ASME*, *J. of Lubrication Technology*, **102**, 1980, 59 – 64.

[38] Kerr J. : The Onset and Cessation of Half-speed Whirl in Air-lubricated Self-pressurized Journal Bearings. *NEL Report No. 273*, Glasgow, 1966.

[39] Klit P. , Lund J. W. : Calculation of the Dynamic Coefficients of a Journal Bearing, Using a Variational Approach, *Trans. ASME*, *J. of Lubrication Technology*, **108**, 1986, 421 – 425.

[40] Lindley P. B. : Compression Characteristics of Laterally Unres-trained Rubber O-Ring. *J. International Rubber Institute*, **1**, 1967, 202 – 213.

[41] Lindley P. B. : Load-Compression Relationship of Rubber Units. *J. of Strain Analysis*, **1**, 1966, 190 – 195.

[42] Lipshitz A. , Basu P. , Johnson R. P. : A Bi-Directional Gas Thrust Bearing. *Tribology Transactions*, **34**, 1991, 9 – 16.

[43] Lund J. : Stiffness and Damping Properties of Gas Bearings for Use in Rotor Dynamics Calculations. *ASME*, Paper No. 68 – LubS – 19, 1968.

[44] Lund J. W. : Review of the Concept of Dynamic Coefficients for Fluid Film Journal Bearings, *Trans. ASME*, *J. of Lubrication Technology*, **109**, 1987, 37 – 41.

[45] Lund J. W. : The Stability of an Elastic Rotor in Journal Bearings with Flexible, Damped Supports. *Trans. ASME*, *J. of Applied Mechanics*, December 1965, 911 – 920.

[46] Lund J. W. , Pedersen L. B. : The Influence of Pad Flexibility on the Dynamic Coefficients of a Tilting Pad Journal Bearing, *Trans. ASME*, *J. of Tribology*, **109**, 1987, 65 – 70.

[47] Majumdar B. C. : Dynamic Characteristics of Externally Pressurized Rectangular Porous Gas Thrust Bearings, *Trans. ASME*, *J. of Lubrication Technology*, **98**, 1976, 181 – 186.

[48] Malik A. , Rahmatabadi A. D. , Jain S. C. : An Assessment of the Stability Chart of Linearized Gas-Lubricated Plane Journal Bearing System, *Tribology Transactions*, **32**, 1989, 54 – 60.

[49] Marsh H. : The Stability of Self-Acting Gas Journal Bearing with Noncircular Members and Additional Elements of Flexibility. *Trans. ASME*, *J. of Lubrication Technology*, **91**, 1969, 113 – 119.

[50] Mitsuya Y. , Ota H. : Stiffness and Damping of Compressible Lubricating Films between Computer Flying Heads and Textured Media: Perturbation Analysis Using the Finite Element Method. *Trans. ASME*, *J. of Tribology*, **113**, 1991, 819 – 827.

[51] Muftu S. , Benson R. C. : A Study of Cross-Width Variations in the Two-Dimensional Foil Bearing Problem, *Trans. ASME*, *J. of Tribology*, **118**, 1996, 407 – 414.

[52] Myllerup C. M. , Hamrock B. J. : Perturbation Approach to Hydrodynamic Lubrication Theory, *Trans. ASME*, *J. of Tribology*, **116**, 1994, 110 – 118.

[53] Peng J. P. , Carpino M. : Calculation of Stiffness and Damping Coefficients for Elastically Supported Gas Foil Bearings, *Trans. ASME*, *J. of Tribology*, **115**, 1993, 20 – 27.

[54] Plessers P. , Snoeys R. : Dynamic Stability of Mechanical Structures Containing Externally Pressurized Gas-Lubricated Thrust Bearings, *Trans. ASME*, *J. of Tribology*, **110**, 1988, 271 – 278.

[55] Powell J. W. , Tempest M. C. : A study of High Speed Machines with Rubber Stabilized Air Bearings. *Trans. ASME*, *J. of Lubrication Technology*, **90**, 1968, 701 – 708.

[56] Press W. H. , Flannery B. P. , Teukolsky S. A. , Vetterling W. T. : *Numerical Recipes in Pascal*. Cambridge University Press, 1989.

[57] Rentzepis G. M. , Sternlicht B. : On the Stability of Rotors in Cylindrical Journal Bearings. *Trans. ASME*, *J. of Basic Engineering*, **84**, 1962, 521 – 532.

[58] Rivlin R. S. : Forty Years of Continuum Mechanics. *Proc. IX International Congress on Rheology*. Mexico, 1984, 1 – 29.

[59] Sela N. M. , Blech J. J. : Performance and Stability of a Hybrid Spherical Gas Gyrobearing. *Trans. ASME*, *J. of Tribology*, **113**, 1991, 458 – 463.

[60] Shapiro W. , Colsher R. : Implementation of Time-Transient and Step-Jump Dynamic Analysis of Gas-Lubricated Bearings. *Trans. ASME*, *J. of Lubrication Technology*, **92**, 1970, 518 – 529.

[61] Smalley A. J. , Darlo M. S. , Mechta R. K. : The Dynamic Characteristics of O-Rings. *ASME*, Paper 77 – DET – 27, 1977.

[62] Starczewski Z. : Modelowanie i analiza dynamiczna czopa w łozysku ślizgowym. Wydawnictwo Politechniki Warszawskiej, Warszawa, 1990 (in Polish).

[63] Sternlicht B. : Elastic and Damping Properties of Cylindrical Journal Bearings. *Trans. ASME*, *J. of Basic Engineering*, **81**, 1959, 101 – 108.

[64] Stiffler A. K. , Smith D. M. : Dynamic Characteristics of an

137

Inherently Compensated, Square Gas Film Bearing, *Trans. ASME*, *J. of Lubrication Technology*, **97**, 1975, 52 –62.

[65] Wang-Long L. , Cheng I. W. , Chi-Chuan H. : Roughness Effects on the Dynamic Coefficients of Ultra-Thin Gas Film in Magnetic Recording, *Trans. ASME*, *J. of Tribology*, **118**, 1996, 774 – 782.

[66] Yasunaga M. , Tetsui K. : Transient Response Solution Applying ADI Scheme to Boltzmann Flow-Modified Reynolds Equation Averaged with Respect to Surface Roughness, *Trans. ASME*, *J. of Tribology*, **117**, 1995, 430 – 436.

符号说明

a：受迫振动幅值

A_d，A_k：节流孔 d，进气孔 k 的截面积，单位：m^2

B：转子惯性矩

B_p：连接轴瓦惯性矩

C：无量纲常数

C_d：无量纲流量系数

C_{ij}：气膜阻尼系数

C_p：弹性支承阻尼系数

C_{pr}：弹性支承等效阻尼系数

c：半径间隙，单位：m

e_x，e_y：轴径平衡位置坐标

F：轴承载荷

F_{ii}：气膜动态载荷

F_{ci}，F_{ki}：支承动态载荷

F_z：轴承静态载荷

F_{K1}，F_{K2}，F_{K3}：无量纲常数

F_x，F_y，F_{xx}，F_{yx}，F_{xy}，F_{yy}，F_{xr}，F_{yr}：载荷力 F 动态分量

g：重力加速度，单位：$\mathrm{m/s^2}$

h：局部膜厚，单位：m

h_k：腔室高度，单位：m

H：无量纲膜厚

K_{ij}：轴承刚度系数

K_p：弹性支承刚度系数

K_{pr}：弹性支承等效刚度系数

l：轴承间距的 1/2

l_C：阻尼间距的 1/2

l_k：弹簧间距的 1/2

L：轴承长度

m：转子质量

m_p：连接轴套质量

m_{pr}：连接轴套等效质量

m_r：转子等效质量

$\dot{m}_d$，$\dot{m}_k$：流经节流孔、供气孔的质量流量，单位：kg/s

$\dot{m}_d$，$\dot{m}_k$：流经节流孔、供气孔的临界质量流量，单位：kg/s

n_k：气膜扇区数目

P：无量纲轴与轴瓦间气体压力

p_a：大气压力，单位：Pa

p_1：腔室内压，单位：Pa

p_0：供气压力，单位：Pa

p_e：环形节流孔有效压力，单位：Pa

p_t：理论压力，单位：Pa

$Q(\,=P_2\,)$：无量纲变量

$\overline{Q}$：Q 的均值

R：轴承半径，单位：m

$\Re$：气体常数，单位：J/（kg·K）

Re：雷诺数

r：极限环最大半径，单位：m

r_0：平面进气孔半径，单位：m

r_d：节流孔半径，单位：m

S：转子质心

S_w：轴质心

S_p：轴瓦质心

t：时间，单位：s

T：振动周期

T_0：气体温度常数，单位：K

V：腔室体积，单位：m^3

ν_x，ν_y：轴的速度分量

x，y：轴质心的位移

x_p，y_p：连接轴瓦质心位移（接头轴瓦）

x'，y'：转子质心角位移

x'_p，y'_p：连接轴瓦质心角位移

x_{C1}，y_{C1}，x_{C2}，y_{C2}：左右阻尼相关位移量

x_{K1}，y_{K1}，x_{K2}，y_{K2}：左右弹簧相关位移量

$\beta = \left(\dfrac{2}{\kappa+1}\right)^{\frac{\kappa}{\kappa-1}}$：临界压力比

γ_r：密封角度

ρ_a：标准大气压下气体密度，单位：kg/m^3

σ：气体黏性，单位：N·s/m

ε：相对偏心率

η_i：特征值实部

θ_s：位移与力的夹角

θ，ξ：气膜无量纲坐标

141

κ：等熵膨胀指数

Λ：无量纲轴承数

λ_i：复数特征值

ν_d，ν_k：流经节流孔和供气孔的体积流量

$\pi_d\,(\,=p_1/p_0^*\,)$：压力比

$\pi_e\,(\,=p_e/p_1\,)$：压力比

$\pi_t\,(\,=p_t/p_1\,)$：压力比

$\pi_0\,(\,=p_0^*/p_a\,)$：压力比

ν：无量纲时间

$\tau\,(\,=\nu t/2\Lambda\,)$：振动角频率

ω：轴的角速度，单位：rad/s